農業水利のための

水路システム工学

― 送配水システムの水理と水利用機能 ―

中　達雄

樽屋啓之

養賢堂

まえがき

　今から約6千年前頃，現在のイラクのチグリス川とユーフラテス川に挟まれた流域地方であるメソポタミアでは，人間が用水路を築いてユーフラテス川の水を渇いた土地に導き灌漑後の水をチグリス川へ排水するなどして，その土地を農地に改良した．そして，麦などを栽培する灌漑農業がはじめられたことから，余剰食料が確保されて人口が増え，その後新たな社会システムや都市が発展するなど最古の大規模な文明が誕生したといわれている．

　もし，その時代に人間が水路を構築して水を農業に利用する術を有していなければ，世界最古の文明の誕生は，より後世になっていたと想像できる．水源から離れた乾燥した土地に水を輸送する水路技術は，人類にとって生きるための最も根源的な技術であると考えられ，強いていえば，人間の本能的知恵，行動ともいえる．その後の人間の叡智により，自然の小河川などを活用した自然流路（natural waterways）から最適な通水断面が確保されている人工水路（man-made canals），そして，圧力水を送配水することを可能とするパイプライン（pipelines）に至るまで，灌漑用の水路は技術史的な発展を遂げてきた．さらに，水源や用水路より高地の農地に灌漑用水を送配水するための揚水施設としてのポンプ（pumps）もその駆動を当初の人力や畜力から動力などへと進展させ，その技術的発展には目覚ましいものがある．

　一方，わが国では，降雨などの総量的な水資源には恵まれているものの，季節的に変動の大きい降雨，急峻な地形，狭小な平地など，他の世界の国々と異なる自然条件下で，その気候・水文的な条件に適応した水田における稲作を中心に農業が発展してきた．農村地域では，古来より人工的に堰や水路などの灌漑排水施設を構築し積極的に水資源を活用してきており，その地域の主産業である稲作農業は，縄文時代晩期から弥生時代前期以降約2千年以上を越える歴史を持つ．そして，家族経営や多様な担い手などを軸として，水田灌漑による稲作農業を現在まで伝承してきた．

　近代に入り1950年代以降，わが国の水田を主体とする国営・県営事業などによる大規模な用水路事業は，頭首工（head works）と幹線水路系

(conveyance system) を整備することにより既存の中小の灌漑組織を統合化（取水施設の合口）した．さらに，圃場整備事業などにより，これら古来より地域や農民の手で構築されてきた中小の灌漑組織は配水系（distribution system）として主要分水工から末端圃場への配水路網が整備されてきた．

　管理組織の構築としては，幹線水路系を運用管理する土地改良区（land improvement district）連合が組織化され，従来から存在していた末端の配水路系を運用管理する単区土地改良区との連携管理を図る方式が確立された．この結果，国営・県営灌漑排水事業などで整備された農業水利施設は，施設組織面と管理組織面の両者がバランスよく整備され，用水管理の合理化と農業技術の近代化に大きく貢献している．

　現在，全国の農業用水路の総延長は，約40万km，その内，基幹的水路（受益農地面積100ha以上）は約5万km，貯水池や頭首工などの基幹的な取水施設（受益農地面積100ha以上）は，約7千カ所に上るといわれている．これらの農業水利施設の総資産価値額は，約32兆円（平成21年3月時点）に達し，そのネットワークは，全国に及んでいる．今後，これらの施設を農業や社会の動向を見据えた上で，社会共通資本として次世代に継承するために，構築された用水路の機能保全や更新・再整備を推進して行く必要がある．関連する事業の目的を達成し，再整備後の水管理操作機能の向上を確実に図るためには，計画設計技術者は，まず，わが国の灌漑の実態に合致した用水路組織の構造からその機能・性能および水管理などを十分理解した上で用水路組織に求められる機能・性能，設計理念および設計仕様を明確にする必要がある．

　灌漑は，河川などから作物の生育に効果のある成分とともに水を農地に供給すること，また，排水は，農地において作物からの老廃物や余分な水分を排除することである．これらは，農業全般にわたり最も重要で効果的な作業である．この作業を圃場にて確実に行うためには，水源から圃場までの間の灌漑排水施設の整備が必要となる．この整備を行う根拠となる計画立案技術と施設を構築するための設計技術および施設を運用管理する維持管理技術が農業水利学（あるいは灌漑排水工学）の範疇となる．

　その主体となる水路システム工学は，水理学，流体力学，静水力学などの

数学的基礎に基づいた伝統ある工学理論を基礎科学としている．また，灌漑排水施設は，人工物としての「もの」であり，また，本論で述べるようにシステムである．この「もの」つくりにおいては，より社会が求める新しい「もの」の創造と多くの要求性能に答えられる最適化が必要となる．

そして，この基盤となるものがシステム工学である．今後，社会はより複雑化し，農業の在り方も大きく変化しいくことが予想される．灌漑排水技術においても農業生産の側面の他に（この目的は，不変であるが），多様な社会からの要求に対して関連する科学技術を究めるとともに，他の分野の先進的な技術も取り入れながら技術面から答えを出して行くことが求められる．

そこで，本書では，著者らが現地の水路システムにおける長年の技術的課題解決の経験を踏まえ，水路システムを構築・機能保全するための知見と技術について，水理学，水利用学，農業水利学的側面から解説する．これらの中で，必要不可欠な水理学分野では，水路技術に特に必要な一次元流れなどの基礎的原理，開水路と管水路の水理およびその応用分野を中心に解説する．

第1章では，本書で対象とする水路とこれを運用する水管理組織が，いわゆるシステムであることから，一般的なシステムの本質，そのとらえ方と水路システムとの関係および関連する学術と事業などについて考える．

第2章では，水路システムの上流端の頭首工から下流端の分水口までを俯瞰し，その施設構成要素を説明し，各施設構成要素とシステムに関する分野別の機能・性能および水路システムの類型を説明する．

第3章では，水路の主流方向の一次元流れを対象に，開水路および管路の流れ，ゲートなどの局所的な流れなど極めて多様な水理学的現象などの基礎と設計理論を解説する．

第4章では，水路システムを包含する灌漑システムの水管理も含め，その水管理の目的，内容および方式などについて整理するとともに，水路システムの場における具体的な水管理の操作・運用を考える．

第5章では，第4章で見た水路システムの供給主導および需要主導などの水管理方式を具体化するための分水工（口）における配水計画とその分水制御について考える．

第6章では，水路システムの水管理方式とその流量制御方式には密接な

関係があることから，水路形式ごとの流量制御方式のメカニズムやその流れの動的特性について考える．

　第7章では，4章から6章までで考えた水路システムの機能などの議論を踏まえ，人工物設計の一般原則と設計の流れから開水路および管水路の水理・水利設計の基本を解説する．

　第8章では，本書で考えてきた水路システムの構造，機能・性能および水管理や制御特性などを踏まえ，機能保全の前提となる機能診断について水利用機能と水理機能から考える．

　対象とする読者は，技術者，研究者および大学学部生・院生までを想定した．歴史ある水路システムの正しい知識やその可能性が，関係する専門分野から一般社会に広く理解されることを強く願うものである．そして，これまで構築されてきた水路システムが，日本に限らず広く世界において，良好に保全され，さらに機能が向上することにより農業生産の向上と自然環境の保全に少しでも役立てば幸いである．

　農業用の水路のシステム学的研究は著者らだけで行ってきたものではなく，所属する研究機関の歴代の研究室長から引き継いできたものである．特に，岩崎和己博士（元農林水産省農業工学研究所長）および吉野秀雄博士（元独立行政法人農業工学研究所水工部長）からは，水路システムの水管理や調査・解析手法など多くの知見について教示いただいた．ここに記して，感謝申し上げます．また，本書の原稿作成に長い間協力していただいた研究支援スタッフである農研機構農村工学研究所水利工学研究領域の本間篤子氏，笹川貴子氏，岩永美代子氏に深く感謝申しあげます．最後に文献を参考にさせていただいた各著者，ならびに本書の出版の機会を与えていただいた農研機構農村工学研究所および養賢堂の諸氏にもあわせて深く感謝申し上げます．

2015年6月

中　達雄

農業水利のための水路システム工学
－送配水システムの水理と水利用機能－

まえがき

第1章　水路システムの目的 ………………………………………………1
　1.1　システムの概念
　1.2　水路システムに必要な学術
　1.3　水路システムの灌漑システムの中の役割
　1.4　水路システムと事業
　　参考文献

第2章　水路システムの構造と機能 ………………………………………19
　2.1　水路システムの構造と水理ユニット
　2.2　主要構成施設要素
　2.3　水路システムの類型化
　2.4　水路システムの機能
　　参考文献

第3章　水路システムにおける流れの基礎水理 …………………………42
　3.1　はじめに
　3.2　次元・単位と水の物理的性質
　3.3　流れの基礎原理
　3.4　流れの1次元基礎式
　3.5　開水路の水理
　3.6　管水路の水理
　3.7　実験理論
　　参考文献

第4章　水路システムの水管理と操作・運用 ……………………………… 95
　4.1　はじめに
　4.2　水管理とは
　4.3　水管理の対象と範囲
　4.4　水管理の具体的行動
　4.5　水管理の時間スケール
　4.6　水管理方式とその実際
　4.7　取水管理
　　参考文献

第5章　水路システムの配水管理 ……………………………………… 118
　5.1　はじめに
　5.2　配水の考え方
　5.3　配水計画方式
　5.4　分水制御方式
　5.5　開水路における分水制御
　5.6　下流がパイプラインの場合の分水制御
　5.7　分水量制御の精度
　　参考文献

第6章　水路システムの流量制御 ……………………………………… 134
　6.1　はじめに
　6.2　水路の操作と制御の概念
　6.3　開水路の流量制御方式の種類
　6.4　開水路における用水到達時間と操作損失
　6.5　開水路の流量制御方式
　6.6　調整池の機能
　6.7　幹線水路（開水路）系の水管理方式の提案事例
　6.8　管水路（パイプライン）の流量制御方式
　6.9　水路システムの上流流量制御方式と下流流量制御方式

6.10　水管理方式と水路形式の関係
       参考文献

第7章　水路システムの設計の基本 …………………………………………162
   7.1　人工物設計の一般原則
   7.2　灌漑システム設計の基本
   7.3　技術基準に基づいた水路システムの設計（仕様設計）の要点
   7.4　機能・性能に基づいた水路システムの設計の要点
   7.5　水利用機能に着目した水路システムの基本設計の流れ
   7.6　設計案の性能照査
       参考文献

第8章　水路システムの機能保全 ……………………………………………190
   8.1　はじめに
   8.2　機能保全（ストックマネジメント）と性能
   8.3　農業の水利用の変化
   8.4　予備的な水利用機能調査（ヒヤリング調査）
   8.5　水理機能の現地調査事例
   8.6　水利用機能診断の手順
       参考文献

おわりに ………………………………………………………………………207
索引 ……………………………………………………………………………209
著者略歴 ………………………………………………………………………213

第1章 水路システムの目的

1.1 システムの概念

　本書で対象とする人工物である水路組織（以下，水路システムという）と，これを運用する水管理組織は，言葉が示すように，いわゆるシステム（組織）である．人工物の構築のための計画から設計，そして，これらを建設，維持管理，運用，保全管理するためには，当然のことながら，そのシステムの目的，要求される機能とその特性をよく理解しておくことが大切である．そこで，まずシステムの本質とそのとらえ方と水路システム（canal works）との関係について考える．

　システムの本質を明らかにするための思考方法として，工学分野では，システム工学が発展してきた．水路システムのような，多くの水理・水利用的施設要素から構成される長大かつ複雑なシステムについて全体としての特性あるいは性質を見失わないよう，その本質を見極めるためにはシステム工学的思考が不可欠である．ここでは，既存のシステム工学の知見からシステムの特性を整理する[1, 2]．

　長大かつ複雑な構造のものを完成させ，適切に運用し，保全管理などをするためには，一般に人間一人の能力には限界があることから多数の人々と技術者が協力して作業を分担する必要があるといわれている．多数の人々が協力するためには，協力に参加する人たちの対象に対する認識，その目標と考え方の方向が同じであることが必要である．このために対象に対する統一概念が重要となる．

　システムに相当する多くの言葉が使用されており，日本語の系，系統，組織，秩序，制度，規則などがそれに当たるが，現在では，システムという言葉の方が日本語として通用するといわれている．

　システムについての定義は，日本機械学会では「単独の機能をもつ，多くの要素が有機的に結合され，全体として，ある目的に沿って，高度の機能を発揮するように構成されたもの」とされ，JISでは「多数の構成要素が有機的な秩序を保ち，同一目的に向かって行動するもの」とされている．

さらに，システムという言葉の表現の例として，「全体は部分より成る．全体は部分に依存し，部分は全体を前提として存在する」や「部分のbest（最良）は必ずしも全体のbestではない．瞬間のbestは必ずしも期間のbestではない」という表現が示されている．これらは，システムの考え方そのものといえる．ここで，具体的な事例として注意しなければならないことは，システムの構築における建設コストなどの初期費用を考えた場合，部分のコスト縮減が全体のコスト縮減にかならずしもつながらないことである．また，建設コストを不適切に縮減したことにより，その後の維持管理やリスク管理などの経年的な経費の増加や耐用年数の短縮化が生じる場合も想定される．部分および瞬間の最適化と全体と期間の最適化の関連性について十分な事前の検討がシステムの観点として重要である．安易な部分最適および期間最適を行うことの妥当性については工学技術者として十分留意する必要がある．

　以上のことが要約され，次の条件でシステムが定義されている．
①複数の要素が結合して，成り立っている．
②全体として，固有の目的を持っている．
③全体の秩序を保ちつつ統一した機能を発揮する．
④システムが人工物である場合，外部からコントロールが可能である．

　また，システムについての議論を行う際には，その対象範囲を明確に限定しておく必要がある．この際，対象外とした範囲は外部システムとなり，これに対して対象範囲は内部システムとなる（図1.1）．外部システムと内部システムとの間に物質，エネルギー，情報などの交換が行われる場合を開システム（open system）といい，交換が行われない場合を閉システム（closed system）という．

　一方，システムを計画，設計，構築，保全などをする場合には，いくつかの代替案を多数求め技術的な実現の可能性を十分に検討した上で，時間，予算などの制約の中で最良の案を決定することの重要性が指摘されている．

　システムを構築する場合の考慮事項を次に示す．
①機能の最適性（optimization）
②信頼性と安全性（reliability and safety）
③経済性（economy）

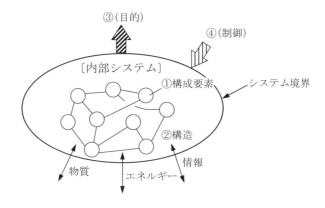

図1.1 システムの構成
(参考文献1), p.3より引用)

　なお，人工物の本来機能の中には，当然，負の機能が生じないよう一定の環境性が具備されていることが不可欠である．これらの考慮事項を基本に，システムの機能を整備・保全し，その機能を社会に役立つように発揮させることによりシステムの目的を達成させることが，工学の根本的課題となる．このときに，先に考えたシステム思考が必要となる．システム思考とは，目的を明確にして，合理的にその目的を達成させる方法を見出すことである．水路システムの構築は，多くの技術者が集まり，長期間の農業水利事業（プロジェクト）の中で行われることが一般的である．しかし，長期にわたり構築や運営管理などの事業が進行すると，進行途上で種々の変更が加えられていくうちに目的が不明確になる場合があるため，つねに関係者間での目的意識の統一などの事業管理上の注意が必要であることも指摘されている．

1.2　水路システムに必要な学術

　人工物の中のシステムとしての考え方の基盤を構築した科学技術が工学である．その中のシステム工学は，全ての工学分野に共通する最も基盤的な技術または，その概念であり，工学の基礎学である．工学は，広く自然科学を活用して，人間の生活に役立つ人工物の構築のための科学技術である．一方，農業用水を農地に供給する役割を持つ水路システムが適用される場面である

農業と農学は，気象，土地と水などの自然資源を活用し，人間の食料や有用資材を得るために生物資源を育み，そこから生産性の高い収穫物を得るための科学技術である．人間の生活に役立つものを生産する目的においては，工学と共通するところが多い．異なる点は，その対象が人間に有用な生物資源か人間がつくり出すコントロールが可能な人工物かの違いである．農学は，生物資源の機能を最大限に活用するために，これらに，人間が補完的に働き掛け，最終的には，その生物資源の自律的な成長により食料などの有用物を効率的に得ることが課題となる．有用物を得る根源は，あくまでも生物資源の生命科学的な自律的機能である．これに対し，工学では，自然資源（木材，鉱物，土など）である素材を人間の主体的働きにより主に物理的，化学的に組み合わせて人工物を構築することが主要なテーマであり，人間の行為のみがその主体となる．人間の生活に有用なものを人間の知恵と手で創出する際に，明確に機能性，安全性，経済性を目指して，これらを創造・制御するための科学技術が工学である．

　近代以降のわが国において，農業や灌漑排水のための水路システムの構築に関係してきた科学技術が農業農村工学分野の中の農業土木学である[3]．

　農業土木（Irrigation, Drainage and Reclamation Engineering）とは，農地や農業水利施設などを対象に農業における土地や労働の生産を高めることを目的とする主に土木技術を中心に関連の工学を応用する農学の1つの分野である．本学術は，日本の風土と農業の中で生まれ，国際的にみれば日本独自に発展してきた応用科学である．その基礎的学理は，数理工学，物理学，物理化学，自然現象学である．農業土木学は生物機能の働きをより促進させるために，作物が成長する環境を自然の節理に従い土と水などを工学的に制御して，良好に保全するための工学技術である．目的は，農業生産の向上とそれを取巻く環境の最適化にある一方，その科学技術の基盤（コアー）は，工学である．水路システムに必要な工学などの学術は，農業水利学，水文学，水理学，地形学，測量学，水環境学，施設工学，流体工学，機械工学，制御工学，情報通信工学など多様である．なお，近代の日本において農業土木学が誕生した理由については，その気象や国土の条件が水田農業に対する人間の工学的行為を受け入れることを可能とし，この工学的行為による生産性向

上効果が発揮されやすい自然環境によるものと考える．水路システムを科学する灌漑排水関連の工学分野は，諸外国では，大学の工学部の土木工学の一部門として確立されている場合が多く，大学の農学部の分野で教育・研究が歴史的に発展してきた国は，日本および一部の東アジアの国々に限られる．

　本書では，水路システムの構築や運用・管理，その機能の発揮などに必要な具体的な知見や技術について，解説していく．

1.3　水路システムの灌漑システムの中の役割

　水路システムを計画・設計する際に運用され，国が定める技術基準である現行の土地改良事業計画設計基準（設計）「水路工」では，水路システムの目的（objectives）を「農業用用排水の流送を主目的として設置する水路組織」として定義している[4]．この定義を用水の供給に限れば，水路システムは，用水の流送を目的に各施設が組織化された実体であると言える．また，水路システムは，作物に必要な用水を自然界である水源から末端圃場へ供給する灌漑システム（狭義の水利システム）の一部である．その領域は，水源より用水を引き入れる頭首工（取水施設）からシステムの下流端境界である分水口，または，農業者などによる水利用が行われる圃場（水口）までの範囲である[5]．

　本書では，用水を主体とする水路システムを「各施設構成要素が適正に組み合わさって，農業用水を水源から目的地の分水口，または，圃場などに送水・配水するための水の利用システム」と定義する．次に，サブシステムである水路システムが包含される全体システムとしての灌漑システムは，図1.2のようにシステム構成される．なお，本書では灌漑システムの中心となる用水システム中の水路システムを対象とし，圃場灌漑後の排水システムについては，対象としない．

　灌漑システムは，末端圃場での用水需要を満足させるように，①流域・水源システム，②水路システム，末端の③圃場システムから構成され，これらのサブシステムが全体として本来の灌漑システムの機能を発揮するように水管理システムが配置，組織化される．灌漑システムを人工物として見た場合，その主要な部分が用水を送水・配水する水路システムであることが分かる（図

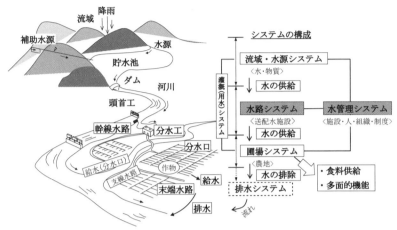

図1.2 灌漑（用水）システムを構成するサブシステム

1.2).

　灌漑システムの工学的な目的は，計画地域の時間的・空間的にアンバランスな水量を人工的に配分調整することである．システムの性格としては，降雨の流入や作物への用水の給水，耕作者などの水利用者からの用水需要要請など，外部システムとの物質，情報の交換がある開システムである．

　末端圃場での用水需要に対応できるよう，また水を効率的に送水・配水可能なようにするために，圃場や圃場ブロックおよび水路レベルで必要な期別の用水量が科学的に算定され，水源，幹・支線水路，圃場などの施設整備が行われる．また，灌漑施設と末端圃場の用水需要を一体的に管理し，無駄なく無理なく灌漑の目的を達成するための水管理システムも必要である．

　自然の流況，末端圃場における用水量および水路システムの中での用水の流況と配分の機能を模式的に示せば，図1.3となる[6]．

　流域・水源システムの中の貯水池は，水文現象として背後流域から流出する流れを期間ごとに貯留し，必要な時期に利用可能な用水に変換する水利施設である．管理の時間スケールは，年，月，5日半旬程度である．水路システムの中の頭首工とは，必要な用水の総量を水路システムに取込む取水施設である．幹線水路は，日単位程度で用水を調整池や分水工（口）などに送水する水利施設である．調整池は，幹線水路内で発生する無効放流の貯留およ

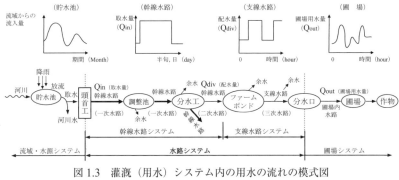

図 1.3 灌漑（用水）システム内の用水の流れの模式図
（文献 6）より作図）

び下流側からの需要と上流側からの供給の調整あるいは上流に位置する水路の維持管理のために設置される．調整池と同じように機能するファームポンドは，幹線水路の 24 時間の施設容量を支線水路で需要変動に見合うように変換する用水の時間差調整施設（たとえば 16 時間）である．なお，灌漑システムの中の水路システムは，人間およびその水利組織の行動がシステムに大きく影響を与える社会的側面も有している．

図 1.3 の模式図から分かるように，流域・水源システムから入力される取水量（Q_{in}）を作物生産に好適な条件としての圃場用水量（Q_{out}）に安全かつ経済的に適時変換することが水路システムに要求される機能である．したがって，水路システムの計画，設計を行う場合には，Q_{in} としての流入境界条件と Q_{out} としての流出境界条件を実態に合うように設定する必要がある．

1.4 水路システムと事業

1.4.1 水路システムの造成や保全を行う事業について

農業水利を目的とする水路システムの整備は，国の一般公共予算に計上されている農林水産省所管の農業農村整備事業の中のかんがい排水事業によって実施されている[7]．その事業内容は，貯水池（ダム），頭首工，用排水路，用・排水機場などの農業水利施設の新設又は改修である．本事業の体系は，大別すると国営事業と県などが実施する補助事業に区分される．国営のかんがい排水事業では，受益面積が 3,000 ha 以上が，また，北海道・沖縄・離島など

で多い畑にあっては，1,000ha 以上が面積にかかわる採択要件となっている．

水路システムは，本事業で造成・整備される農業水利施設間のネットワークの性格を持っている．戦後，これまでに国・県や地元の巨額な資金が投下され本事業が実施された地域は，高い食料供給力を備えた重要な農業地域を形成している．そして，国営や県営事業などにより基幹的な農業水利施設と圃場が集中的に整備された大規模優良農業地域は，全国に40地域が設定され，全国の農用地区域内の農地面積の約4割を占めている[8]．まえがきにも述べたように，水路システムを含む農業水利施設の資産価値額は，現在約32兆円に達している．今後は，これまで長い間投資・蓄積されてきた資産を保全しつつ，その投資効果を発揮させるために農業活動をさらに活発化する各種対策が必要である．

1.4.2 土地改良法について

農業農村整備事業の根拠法は，戦後まもない1949年に制定された土地改良法といわれるものである．その第1条には，「農業生産の基盤の整備及び開発を図り，もつて農業の生産性の向上，農業総生産の増大，農業生産の選択的拡大及び農業構造の改善に資することを目的とする．」とあり，付記事項として，「土地改良事業の施行に当たっては，その事業は，環境との調和に配慮しつつ，国土資源の総合的な開発及び保全に資するとともに国民経済の発展に適合するものでなければならない．」との事項が明記されている．本事業の目的，趣旨は本法律に規定され，農業生産の向上という産業投資と同時に，水資源などのわが国の貴重な基盤的地域資源の活用と保全および農業生産を通した食料供給や地域経済の向上などの国民経済の発展にも貢献することが求められている．このように，本事業は，国民全体にその恩恵をもたらす極めて公共性の高いものである．その反面，本事業は地元の農家（耕作者の集団）からの申請を端緒としており公共事業の中でも特異な存在である．

1.4.3 今後の事業の展開方向

これまで一般に，かんがい排水事業における事業（プロジェクト）の内容は，農業水利のための水源開発，水管理の合理化を目的に，事業主体が新たな農業水利施設を造成し，これらの施設の運用管理を担う土地改良区へ委託

管理するまでの施設造成の行為を主に意味していた．しかし，法に示されるように農業水利施設の目的は，水利用により，農業生産を向上させ，合わせて地域環境を保全することである．すなわち，水路システムなどの農業水利施設の用排水に関するパフォーマンスの向上とその多様化の行動が必要となる．これには，土地改良区などの施設の利用者ばかりでなく，これまで農業水利施設の造成などの経験を持つ事業（造成）主体の存在と社会的ニーズを踏まえた働きかけが不可欠である．農業水利施設が投資された地域の水利用，施設の水理・水利用機能と構造機能および農業生産などの実態を科学的に把握・モニタリングし，必要が生じれば，その科学的基盤に立脚した再整備事業の計画を立案し，地域や社会的合意を得て，ハードおよびソフトの各種対策を有機的に組み合わせた事業展開を行うことが必要であると考えられる．なお，かんがい排水事業などの性格として，①生産性向上のための事業（農業生産向上，維持管理費低減など），②現在の生産性を維持するための事業（維持管理コスト維持など），③既設構造物の改修・改築（老朽化対策，リスク管理など），④災害復旧・復興に区分できるが，対象とする事業地区の現状の分析から，実際には，これらの事業の性格を組み合わせた複合的な事業展開が期待される．

1.4.4 事業実施に必要な技術力と技術者

土地改良法に基づくかんがい排水事業の国，県による実施においては，ただ単に，予算と技術者が存在すれば遂行されるものではなく，その技術力を支える多様な仕組みが不可欠である．図 1.4 には，その技術力の源泉の仕組みを示す．

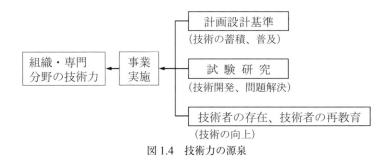

図 1.4 技術力の源泉

まず第1に必要なものが，その技術の実体と規範であり，これは対象とする施設のある一定の機能・性能の水準を実現し保持するためには不可欠である．農業農村整備事業では，農林水産省が制定する土地改良計画設計基準と関連する技術文献などがこれに相当する．第2には，新たな技術開発や事業現場における技術的問題の解決を担う試験研究のシステムが必要となる．さらに第3には，技術者は，技術の進歩や社会からの要求の高まりに応じて，日頃より自己の思考力と技術力を向上させる必要があることから技術者の再教育のシステムも不可欠である．最後には，当然，社会が必要とするその技術力を実践する事業地区が存在する必要がある．必要とされる事業が継続的に実施されることにより，来るべき時代に応えることのできる技術者の経験の蓄積とスキルアップが行われる．

以上の仕組みは，長年の社会からの要請による事業展開により，築き上げられてきた．ここでは，計画・設計技術者の技術力の発展段階の分析・考察を行った世界銀行の関連文献[9]から今後の関連技術力と事業の展開について考えてみる．今から40年～50年前における水路システムの新設時などの初期技術段階の時代の計画設計に対する主要な課題は，不足する用水の補給，水利用の公平化や水資源の有効利用を目的に，各種の整備された技術基準や技術書をもとに，安定した定常な設計最大流量を前提にしたシステムの構成要素である水路，落差工および調整施設などの個々の水利構造物の水理・構造設計であった．そして，この時代の技術的関心は施工の現実性と建設コストが中心となり，主に土木工学的経験の範疇が中心であった．この技術段階では，戦後の農業水利の近代化が始まったばかりであり造成後のシステムに対する実際の運用に関する技術的関心までには必ずしも至っていなかった．

その後，大規模水路システムの運用が各地で開始され，農業の水利用が多様化し，また，末端配水ブロックを中心に水理学的に応答性が速いパイプラインが導入されてくると，各事業運営現場において実際の用水の流れの非定常性が認識され，水利用の運用上の経験が蓄積されてきた．この水運用管理にどのように対応するかの課題の顕在化にともない水路システム内の送水・配水の調整問題などの水利用学的な研究や事業対応が実施されてきた．その後，1990年代以降，システムの再整備や更新のための事業が計画され始め，

その設計では，水路システムの水利用機能に対して変動する流量条件を考慮した非定常な流況を対象にした計画設計アプローチが必要となってきた．このような事業の技術的課題の変遷を技術者の発展段階として再整理したものが表 1.1 である．

本表は，世界銀行の関連文献[9]で示されている灌漑事業設計者の設計思考の発展段階と設計作業の内容およびそれに伴う技術力の要件の関連について整理されたものを著者らが改変したものである．世界銀行の文献では，一人の技術者がすべての発展段階に習熟することは，不可能とされ第 1 と第 2 の段階に習熟している技術者は多いが，これを越える技術者は少ないと説明されている．第 5 段階以上の技術者は最初の段階の実務経験から長い間離

表 1.1　灌漑事業設計者の技術的発展段階[9]

発展段階	設計作業内容	技術力の条件
1	水理・構造設計	・土木工学（設計基準・ハンドブックの理解・活用）
2	設計案の機能性の確保	・非定常流の理解（セミクローズドパイプラインを含む多様な制御施設の機能と目的の理解） ・パイプラインの優れた水分配機能の理解 ・各施設の実際の機能を評価するための現地調査能力
3	システムの堅牢さと公平な水配分の確認	・開水路の流れの理解（水位制御と流量制御の相違と重要性の理解） ・水理学的装置の適切な選択能力（堰とオリフィスの理解）
4	運用の容易性の確保	・不安定な流量の下でのシステムの運用に関する理解と経験（流れの非定常な運動方程式のある程度の理解）
5	水文学ベースでの水収支の検討	・水管理の広範な経験（水文学的基礎での各システム段階における灌漑効率の真の定義の理解） ・上流の水路の無効放流が下流地域で有効利用される場合，システム内では，用水の損失にはならないことの総合的理解
6	計画・設計案及び既存システムの運用に対する課題と問題点の認識と指摘	・設計の経験とその批判的評価 ・灌漑事業の運用に関する経験

れていることからこれらの能力は低下しているとも解説されている．以上の技術者の発展段階の分析から，事業における水路システムの計画設計についても，初期段階の土木工学的内容から農業水利学（灌漑排水工学）へ，さらに広い視野を必要とするシステム運用学などの各段階の技術的内容に長けた技術者が組織化されて計画設計問題に対応するなどプロジェクトを遂行可能な組織体制が必要となることがわかる．

次に，表1.1を既存の事業に対する計画設計プロセスの観点から計画設計の段階として再整理すれば，本表と逆の計画設計作業プロセスを辿ることになると考えられる．再整理した事項を表1.2に示す．まず，既存の事業を観察，俯瞰する視点は，その事業の総合的な現状の運用やパフォーマンスなどの水準に着目することであり，これらが水利用者などの要求水準に対して満足されない場合には，水利用者や土地改良区などから水路システムに対する課題解決の要望（要求性能）の声が上がり，再事業の端緒ともなる．農業農村整備などの土地改良事業の計画設計は，直接の受益者の事業申請を原則にしていることから，表1.2に示した計画設計プロセスと良く合致する．これら，ユーザーからの事業に対する要望に対応するために，表1.1に示す対応能力を持つ組織化された技術者組織によるステップバイステップによる計画設計作業を進める必要があり，このための事業的な対応が不可欠となる．その場合，第1段階の事業地区の問題・課題を水収支と水管理などの問題からシステムの運用の容易さ，水路システムの制御問題，システムの機能性と要求性能を経て技術者の第1段階（表1.1）である具体的な施設の水理・構造学的な問題まで技術的な問題を段階的に具体化する作業プロセスが必要となる．各発展段階の技術者を有する組織化された主体により，この作業プロセスから，はじめて具体的な計画設計案を立案することが可能となる．今後の技術に対するアプローチや事業対応は，このプロセスを確実に踏むことが必要であり，これを実現するためには，この組織的対応を行う事業主体の体制が不可欠である．これらの具体的なアプローチについては，第7章の設計の基本の中で詳しく解説する．

表1.2 既存事業地区の再整備に対する計画設計のプロセス案

計画設計の段階	設計作業内容	担当する技術者の作業内容	技術力の条件
1	地区調査と分析	・地区の現状，課題把握 ・課題発生要因の分析 ・要求性能の整理	表1.1の段階6
2	水収支と水管理の調査	・地区の水収支調査・分析 ・総合的な灌漑効率の把握	表1.1の段階5
3	システムの運用調査	・システムの操作運用の分析 ・シミュレーション結果の分析	表1.1の段階4
4	システムの性能調査，企画設計	・システムの再整備計画立案	表1.1の段階3
5	システムの水利用に関する性能設計	・システムの基本設計 ・各施設要素の性能設計	表1.1の段階2
6	水理・構造の実施設計	・各施設の水理，構造設計 ・コスト評価	表1.1の段階1

1.4.5 水路システムの更新により地域農業が大きく変化しようとする事業地区の事例

　1.4.4でみてきた技術者の発展段階と今後の既存事業地区への計画設計のアプローチや作業段階について，それを実践している事業地区を紹介する．本地区は，北陸地方にある大河川の扇状地および平野部にひらけた米作を中心にした水田地帯（受益面積：約12,000ha）であり，戦後まもない1947年から国営や県営事業により取水施設，幹線水路，支線水路網が新設され，その後圃場が整備されてきた農業地帯である．更新前の水路システムは6カ所の既存取水堰を合口した取水堰から自然流下の開水路形式の幹線水路により各配水ブロックに用水を送水するものであり，配水ブロック内は，開水路または加圧ポンプを利用したパイプライン形式の支線水路を経由して用水が各圃場へ配分されている．しかし，近年，下流域において河川の水質悪化，地下水や河川水の塩水化などにより新たな水源の確保が必要となった．更新（パイプライン化）以前の開水路形式の幹線水路の状況を図1.5に示す．また，取水堰（頭首工）から下流の扇状地の水田などに延びる幹・支線水路の平面図を図1.6に示す．

(a) 幹線水路　　　　　　　　　(b) 地区内の支線水路

図1.5　従前の開水路形式の幹・支線水路の状況

さらに，地元からは，次に示す課題についての解決の要望が上がり，このため，1990年代中頃より水路システムを主体とする再整備事業の計画が事業主体により開始された[10]．

① 水路沿線地域での混住化による開水路への生活ごみの混入による水質悪化と維持管理労力の増大
② 夏季の渇水の発生
③ 末端パイプライン化地区における用水機場管理経費の節減（電力量の負担軽減）
④ 幹線開水路の第3者に対する安全性の確保（水難事故の防止）

　これらの課題解決に対して表1.2に示された事業段階の第1と第2の調査・分析が実施され，この段階を経て事業は次の第3と第4の段階において企画設計とシステムの基本設計を行うこととなる．本事業地区では，新たな水源の確保や事業地区内の水管理運用問題を解決するために水利用学的および水理学的技術検討から水源の標高を有効活用し用水の圧力を下流の配水ブロックまで利用可能なクローズド系のパイプライン水路形式が幹線水路として選択された．その当時，本方式での大規模・大容量のパイプライン化については，わが国において前例がなく技術的および経済的な懸念が示されたが，本事業地区への要求性能を満たすためには，幹線開水路のパイプライン化が不可欠であるとの技術的な判断が下された．ここでは，その技術的検討内容を紹介する．

　本事業地区における幹線水路のパイプライン化の意義と必要性を次に整理

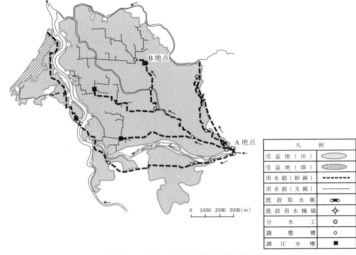

図 1.6 幹・支線水路の平面図

する．
① 既存開水路のパイプライン化により用水の送配水損失量を節減し，これを下流の用水不足地域の新たな水源に転用することができる．
② 従来ポンプ加圧されている下流末端水田パイプライン地区の電力量などの維持管理経費の節減のために，水源（取水堰）地点の水圧（水頭）を既存のパイプライン始点である分水工（口）まで保持することができる．
③ 開水路のパイプライン化（暗渠化）により周辺地域や第3者に対する安全性を向上させることができる（水難事故の防止）．
④ 開水路のパイプライン化により用水の水質障害を回避できる．
⑤ 現況開水路敷きの土地の有効利用が図られる．

　以上の要求性能に対してパイプライン形式の水路システムの基本設計は，次の事項に留意して実施された．
① 分水口における不均等配水の防止
② 送配水の調整機能の確保
③ パイプライン内への空気混入防止と水撃圧に対する安全性の確保
④ 用水供給者の操作性の確保

⑤大口径パイプラインの構造上の安全性と信頼性の確保

　当初の事業計画では，幹線水路パイプライン末端分水工（口）の流量管理を供給側が行う前提で，取水堰から分水工（口）まで直結したクローズドパイプライン形式が採用されていた．パイプライン化する幹線水路系の安全性は確保可能であるが，事業開始後に末端の支線パイプライン地区の増大および既設の管材を使用する下流の末端パイプラインへの水撃圧対策などを勘案して中間に自由水面を有する調圧水槽を設けたクローズドタイプと同一の動水勾配を有するセミクローズドタイプパイプライン方式に事業の経過の中で変更された．その水理構造は自由水面を有する円筒水槽と流入制御バルブな

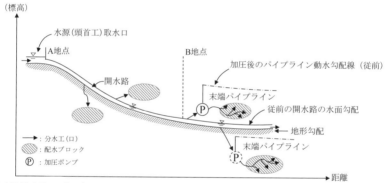

(a) 幹線水路のパイプライン化以前の水理縦断図

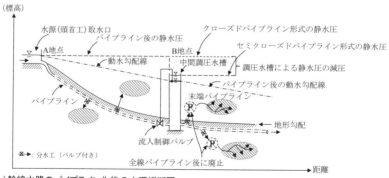

(b) 幹線水路のパイプライン化後の水理縦断図

図1.7　事業地区の水路システム形式の発展段階の説明図

どによる減圧と水位による流量制御を可能としている[11]．

本水路形式は下流流量制御方式となり下流の分水口（バルブなど）における用水需要の発生と停止に応じた操作に追随して下流から順次送配水操作が行われる仕組みである．したがって，末端の配水ブロックでは常時取水堰からの用水を即座に利用できるシステムである．事業の進展の中での水路形式の変化の特徴を示したものが図1.7の水理縦断図である．本図は，図1.6のA地点からB地点を経る幹線の水路システムの水理縦断模式図である．

さらに，中間の加圧ポンプを廃止できたことから従来の本地区の普通期のポンプ運転規則である1日7時〜17時までの10時間運転が解消され，自然流下になったことから末端圃場での水利用は24時間常時可能となり，末端パイプライン地区では水利用の自由度が飛躍的に向上した．この水利用機能の向上により本地域の農業が大きく発展することが期待できる．これまでの水利用の制限要因を水路システム形式の改善により取り払うことができ，今後，水利用機能の向上により農業が大きく発展する可能性のある事業地区の例として全国的にも注目される地区である．

本地区の戦後から始められた水路システム形式の発展段階は，①頭首工の合口による幹線水路（導水路としての開水路）の整備，②下流域を中心にしての圃場整備による配水系のポンプ直送型のパイプラインの導入・整備，そして，現在整備中の③幹線水路のパイプライン化（セミクローズド系）へと進展している．水路形式としては，開水路系→複合水路系→下流流量制御のセミクローズド系と変化し，その形式が時代とともに高度化する農業の水利用の要求に対応してきたことがわかる．

参考文献
1) 赤木新介：システム工学－エンジニアリングシステムの解析と計画－，共立出版（1992）pp.2-3.
2) 石川博章：電気・電子・情報系システム工学，共立出版（1998）pp.3-4.
3) 農業農村工学会：改訂七版　農業農村工学ハンドブック本編（2010）pp.4-17.
4) 農林水産省農村振興局：土地改良事業計画設計基準，設計「水路工」基準書，農業土木学会（2001）p.6.
5) 中　達雄・島　武男・田中良和：更新・改修のための水路システムの機能診断，農業土木学会誌69（5）（2001）pp.1-6.

6) 緒形博之編：水と日本農業，東京大学出版会（1979）p.116.
7) 農業農村整備事業計画研究会編：農業農村整備事業計画作成便覧，地球社（2003）pp.189-197.
8) 中　達雄・高橋順二：農業水利施設のマネジメント工学，養賢堂（2010）pp.18-20.
9) Herve Plusquellec・Charles Burt・Hans W. Woiter：Modern Water Control in Irrigation, World Bank Technical Paper No.246（1992）pp.41-51.
10)（独）農業工学研究所水路工水理研究室：大規模幹線開水路組織の改修方法の検討，平成13年度北陸農政局受託事業報告書（2002）pp.1-108.
11) 中　達雄：九頭竜川下流地区のパイプラインシステムの設計について，平成22年度農業農村工学会大会講演会講演要旨集（2010）pp.54-55.

第2章　水路システムの構造と機能

2.1　水路システムの構造と水理ユニット

　稲の成育期間中には，その水田に降る自然の降雨の他にこれを補う大量の用水補給が必要となる．このため，灌漑期間中には流域から水を集め水路システムにより大量の用水を広域に広がる水田に配水する必要がある．わが国の灌漑期間中の平均的な水田の水収支では，期間内の降雨量約900mmに対して，水路システムなどからその約2倍の1,800mmもの用水補給が必要となる．わが国の重力灌漑システムでは，河川の発達した上流部の扇状地の要の位置に用水の取水地点である取水堰（以下，頭首工という）が設けられ，この地点から樹枝状に伸びた水路により下流の平野部に位置する水田に用水が送配水される構造を有していることが多い．また，流域を越えて，用水を下流へ導水する長大な水路システムも存在する．用水は，重力により，また，必要に応じて用水の加圧のための揚水施設（ポンプ）により下流の水田まで送配水される．戦後，国営事業などで造成された大規模な灌漑システムでは，灌漑水田面積が数万ha，システム内の水路総延長は100km～200kmにも達し，一つの水路の延長が数十kmから100km以上に及ぶ長大水路まで存在する．わが国の農業用水を主とする水路では，愛知県の尾張地方にある愛知用水の幹線水路延長112.1kmが最長である．農業用水専用では，北海道の空知平野を潤す北海幹線水路の延長が約76.8kmであり，わが国最長の農業用水路である．図2.1に，河川から用水を取水する重力灌漑方式による一般的な国営事業地区の水路システムの平面模式図を示す．頭首工から分岐する水路は，導水路から分水工を経て，各灌漑区域へ幹線水路が分岐し，灌漑区域内に達すると各支線水路へさらに水路が分岐していく樹枝状のシステム構造が一般的である．幹線・支線水路には，番号および通過する地名や地区内の位置を示す東西南北などの幹線名が命名されている場合が多い．

　水路システムは，2.2で説明するシステムを構成する施設要素を水理学的な境界として，サブシステムに分割することができる．この分割されたシステムは水理ユニットとよばれ，とくに，パイプラインでは，その概念が明確

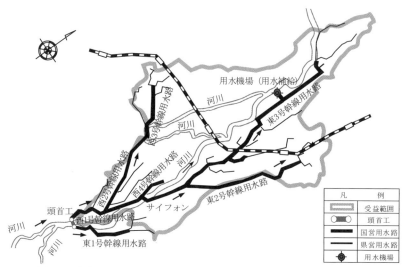

図 2.1　水路システムの一般的平面構造例（受益水田面積約 10,000ha）

に整理され重要視されている[1]．水理ユニットとは，境界条件によって一体化して取り扱わなければならない施設群と定義されている．パイプラインでの水理ユニットは，その対象管路の上流端および下流端に水位または流量の境界が存在し，この二つの境界条件をもとに，水理計算をすることができる水理学的な単位である．すなわち，その間の流下流量やエネルギー損失水頭などを独立して規定できる管路（ライン）要素が水理ユニットになる．開水路では，水位調整施設に挟まれた水路区間が水理ユニットと同等のサブシステムになる．開水路区間に調整施設が存在しなければ，貯水池，水槽やポンプなど，その上下流端に存在する水位境界，または，流量境界が与えられる開水路区間が水理ユニットになる．なお，開水路では，次に述べるように，この水理ユニットは，水路貯留区間を意味する用語を用いてプール（pool）とよばれる．以上のように，水路システムの階層構造は，図 2.2 に示すように全体の水路システム（頭首工取入口から分水口まで）から水理ユニット，そして，各施設要素へとサブシステムが繋がっている．この階層ごとに設計流量の評価・算定を各流量式を用いて行うことができ，末端での用水需要に応答するために，上流端から下流端まで用水の連続性を確保することが水路

システムにおける水理機能の発揮の重要な事項となる．

また，水理ユニット内には，そのユニットに水理学的に組み込まれる施設として，ゲートやバルブが存在する．対象とするシステムが階層構造を形成する場合，一般には，下位レベルは上位レベルの支配化に置かれるが，水路システムでは下位のレベルである各施設要素が機能して始めて水理ユニットが機能する．次に，この水理ユニットが上下流の水理ユニットと有機的に機能することにより全体の水路システムが機能して，その全体システムの目的を果たすことが可能となる．このように，水路システムは，上位システムが下位システムを支配する構造ではなく下位システムが機能して上位および全体システムが機能する構造特性をもっている．

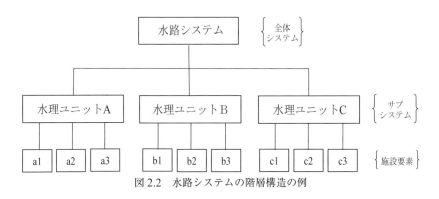

図 2.2　水路システムの階層構造の例

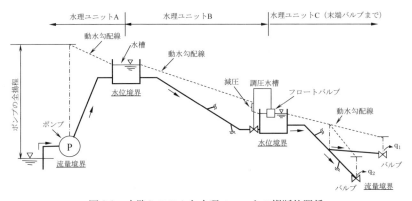

図 2.3　水路システムと水理ユニットの縦断的関係

図 2.3 には，パイプラインを事例に水理ユニットの分割と施設要素との関係の概念図を示す．各水理ユニットには，ポンプやバルブによる流量境界および水槽による水位境界がその両端にそれぞれ設置されている．中間の水理ユニット B の中に存在するフロートバルブは，主体的には境界条件にならない施設要素の例である．この場合の水理学的境界は，下流のパイプラインにおける用水需要量によって変化する水槽内の水位である．

2.2 主要構成施設要素

ここでは，灌漑システムの中のサブシステムとして位置づけられる水路システムの領域を明確に定義した上で，その水理・水利用機能面でのシステムを構成する施設要素を整理する．

水路システムの上流端（upstream end）の境界は，流域・水源システムが自然界の水循環過程を調整して水資源を水路への取水量（Q_{in}）に変換する始点部としての頭首工（headwork）の取入口地点とすることができる．貯水池が水路と直結している場合も貯水池の利水（用水）放流部を用語として頭首工と位置づけることができる．この場合，頭首工とは，水路システムの上流端に位置し，水路システムへ総用水量の大部分を取水して流入させる機能を持つ要素として位置づけられる．なお，水路によってはその中間点や下流地点において用水補給を受けるものもある．一方，水路システムの下流端（tail end）と圃場システムの境界は分水口（栓）とし，そこでは，水利用者（需要者）の任意の水利用を想定し，システムを弾力的に運用させて，この水利用を保障する必要がある．この地点は需要者が管理主体となり，圃場用水量（Q_{out}）が水路システムから取り出される水路システムの下流端となる．以上の上下流端を有する水路システムを構成する主要部分は，頭首工（取入口）から下流の①通水施設（水路），②分水施設，③量水施設，④合流施設（主に，排水路において排水を合流または，流入させるための施設），⑤調整施設，⑥保護施設（横断排水構造物，流入出構造物，排水溝，土砂溜，法面保護工など），⑦安全施設，⑧付帯施設，⑨管理施設，その他施設，である[2]．水路システムを大きく区分すると，通水施設（水路など），分水・調整施設，およびその他の安全管理施設から構成される．

次に，送配水を目的とする水路システムの機能上重要な主要施設要素を説明する．

(1) 頭首工 (headwork of canal works)

河川や貯水池などの水源から用水を取り入れ水路システムへ送り込む施設である．すなわち，水路システムへの用水の供給源である．これには，河川に横断的に設置される取水堰(図2.4)とその上流側部に設置される取入口(図2.5) などから構成される水利構造物としてのいわゆる頭首工および河川からの自然取入れ方式の頭首工である取水工や用水（ポンプ）機場（図2.6）などが含まれる．取入口は，取水河川から水路へ必要な用水量を確実に取入れ，その量の調整を容易にする施設であり，一般にゲートやバルブにより取水量が制御・調整される．取入れ流速は，河川からの土砂の流入防止や流れの損失水頭の観点から，一般に 0.6m/sec 〜 1.0m/sec 程度とすればよいとされている．用水機場については，取水地点の他に水路の中間地点においても用水を補給・配水するための揚水施設として存在する場合がある．

図 2.4　頭首工取水堰部の例

図 2.5　頭首工取入口下流部の例（水路始点）

図 2.6 用水機場建屋内のポンプ設備（主ポンプおよび主原動機）

(2) 水路（conveyance and delivery system）

水路は，用水を末端の配水ブロックなどの目的地まで送水（conveyance）・配水（delivery）するための通水施設である．型式として大別すると，開水路（大気に接する自由水面をもつ流れの水路：open channel）と管水路（自由水面をもたず満流状態で圧力を受けている流れの水路：pipe）がある．管水路（パイプラインともいう）は，流量変動が伝達速度の速い圧力波によるため即座に上下流へ伝播する．一方，開水路の流量変化は，伝達速度の遅い重力波によるため長時間を要し流量調整が管水路に比較して難しい．その他の通水施設の形式としては，トンネル（tunnel），逆サイホン（inverted siphon），暗渠（conduit），水路橋（aqueduct）などがある．管水路は，工場で製作される円形の既製管（硬質塩化ビニル管，コンクリート管，ダクタイル鋳鉄管，鋼管，強化プラスチック複合管など）を地中に埋設して施工されることが一般的である．管水路は管内が水に満たされていればいつでも水が利用でき，また流れの乱流により土砂が堆積しずらく植生の繁茂も発生しにくいため，開水路に比較して維持管理しやすいなどの有利な面がある．開水路は，自然の流路と変わらない土構造から鉄筋コンクリート製のものまで，その形状形式が多様である．開水路の構造形式は，その要求性能に応じて次のように区分して考えることができる（図 2.7）．

(a) 土水路（unlined canal）：自然地盤を開削あるいは盛土して成形し，流水に接する面に特別な施設を施さない開水路である．断面は，法面勾配の緩い台形水路であり，漏水を許容する．建設コストは，他の形式と比

較して最小だが，1〜2年ごとの水路内土砂と植生の除去や維持管理・補修（事後保全）を前提としている．

(b) ライニング水路（lined canal）：比較的薄い表面被覆材や既製のブロックなどで水路の内面を舗装して，漏水を防止し，浸食に対して保護するとともに，水理条件（通水性）を良くして，土水路に対して断面の縮小を図った開水路である．断面は，台形であり，水路底部・側部からの外力に抵抗しない構造である．数年ごとの維持管理・補修（事後保全または，予防保全）を前提としている．

(c) フルーム水路（flume）：水路の側壁を垂直もしくは，それに近い急傾斜とし，その鉄筋コンクリートで造成された壁体は底版と剛結された一体構造で，ライニングとしての目的を果たすとともに，それ自体が土圧や水圧などの外力に対して安定を保つように設計された開水路である．日常の維持管理の他に，予防保全のため数十年ごとの本格的な点検・機能診断・補修・補強が望まれる．本構造形式は，施設の長寿命化およびライフサイクルコストの最小化対策の対象となるコンクリート構造物である．

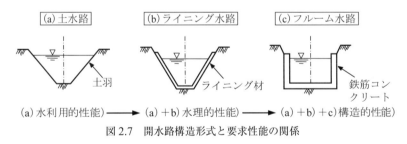

図 2.7　開水路構造形式と要求性能の関係

以上の各水路構造形式が有する性能は図 2.7 に示すように，(a) の土水路形式（図 2.8 (a)）では，用水を送水する水利用的性能のみが満たされており，(b) のライニング水路は，その性能に水理的性能が付与され，高い通水性（通水能，漏水抑制など）が確保されている．さらに，(c) のフルーム水路（図 2.8 (b)）は，施設がコンパクト化された上で水密性が高まり，周辺からの土圧などの外力に抵抗する構造的性能が確保されている．このように，農業用に使用されてきた開水路にはその構造形式に沿って性能が設定され，従来

は土水路であった型式が，社会の要求に応じて性能が重層的に付与されてきた歴史がある．

(a) 土水路の例　　　　　(b) コンクリート製フルーム水路の例

図 2.8　各種開水路

(3) 調整施設（cross-regulator, check gate）

水路システムの主要制御施設であり水路内の流水の流量または水位を維持・調整するためのものである．チェック工ともいう．一般に開水路の場合，堰（角落し（stop logs）など）およびゲート型式である．管水路（パイプライン）の場合は，オープンタイプパイプラインのチェックスタンドおよびセミクローズドパイプラインの調圧スタンド（フロートバルブなどが設置）がこれに相当する．

(4) 分水工（division work）

搬送された用水を水路内で2つ以上の複数の水路へ分水（distribute）する施設である．一般に水路の分岐点に位置し，幹線水路系では供給側が操作

(a) 背割分水工（下流より）　　(b) 射流分水工（上流より）

図 2.9　比例分水工の例

主体となる．開水路の分水の型式は水路中に隔壁を入れて通水断面を分割する背割分水工および水路底に低い堰を設け，完全越流状態にして堰幅を分水隔壁で分割する射流分水工（図2.9）などの上流から流下する流量を比率で分水する比例式が多い．

(5) 分水口（off-take, turnout）

幹・支線水路から圃場内水路または，圃場ブロック（tertiary units）へ用水を直接給水（supply）するための施設である．いわゆる直接分水口（直分）といわれるものである．供給者と需要者（水利用者）のどちらか一方，もしくは両者が操作管理する場合がある．一般に需要者が操作主体となり，施設容量または，配水計画上の上限用水量（分水量，給水量，給水時間）の範囲内で自由な水利用が保障される場合が多い．この意味では，分水口の操作を論ずる場合には，給水という用語よりは，用水を引き抜く（withdraw：引水）という表現の方が合致する．したがって，(4)の分水工とは，水管理上の意味と運用が異なることに注意が必要である．分水口から配分された用水は，圃場ブロック内で個々の圃場へ水使用者相互の管理により配分される．

これらは，水路システムの末端構成要素となり圃場用水量（Q_{out}）が発生する地点である．流量調整は，一般に定量式もしくは操作式である．なお，渇水時には，番水などの需要者相互もしくは，供給側も含めた制限的な操作が行われることがある．

(6) 水路貯留区間（pool）

2ヶ所の調整施設に囲まれた水路部分であり開水路における一つの水理ユニットでもある．満流で流れる管水路では，その貯留量は，不変で一定であるが，自由水面をもつ開水路の場合，流況の変化やゲート操作により，この区間内貯留量が変化する．したがって，水路内貯留の概念やその変化量は，一般に開水路で議論される．水路貯留区間には，複数の分水口が設置される．

(7) 調整池（regulating reservoir）

頭首工から搬送されてきた定常的用水を需要パターンに変換するための貯水・調整施設である．水路システムの中間および末端付近に設置される．また，送水および配水の管理上必要となる用水を一時貯留する機能もある．

(8) 放余水工（waste way）

事故などの時に水路を空にしたり，余剰水や管理用水などを水路外に排除するための施設である（図2.10，図2.11）．余剰水や管理用水の発生は，雨水の流入，分水工（口）地点での予期しない大流量の分水の遮断（用水需要停止），分水制御の操作誤差および制水ゲートの閉塞などに起因している．

図2.10 水路内の放余水工の例（上流水位調整ゲート付き）

図2.11 水路内の横越流方式の余水工の例（自然調節型）

(9) 量水施設（measuring structure）

分水工および調整施設などの水路の主要地点において，幹線水路流量，分水量および水位を適切な精度で計量する施設である．一般に，機器として標尺（スタッフゲージ），水位計，流量計が用いられる．現在では，高精度な流量計として開水路と管水路に超音波流量計や電磁流量計などが取り付けられることが多い．

本施設で得られるデータは，公平な水配分，水路システムの安全管理およ

び水路システムの現状の性能の把握と改善に不可欠な情報を提供してくれる重要なものである.

(10) その他施設

この他に,水路の安全面から,通水施設の中の開水路に,流れのエネルギーを減勢するための落差工(drop structure)および急流工(chute structure)が設けられる.さらに,水路内への土砂の流入,堆積による通水障害を防止するために,取入口下流に沈砂・排砂施設を,また,水路の中間には,排泥施設が設けられる.パイプラインでは,流入した空気を管路外へ排除するた

表2.1 水路システム(用水)の主要構成施設要素と機能説明

名称	機能の説明
1. 頭首工 (Headwork)	河川や貯水池などの水源から取水工あるいは揚水施設により水路システムへ用水を取入れる.
2. 水路(通水施設) (Canal)	用水を下流の分水工および分水口などの目的地まで流送する.開水路,パイプライン,逆サイホン,トンネル,暗渠,水路橋などの通水施設から構成される.開水路には,その構造から,土水路,ライニング水路およびフルーム水路がある.機能面からは,送水を目的とする幹線水路と配水を目的とする支線水路に区分される.また,水理ユニットの構造単位となる.
3. 調整施設 (Check structure)	水路内の流水の流量または,水位を維持する.
4. 分水工 (Division)	流送された用水を水路内で複数の水路へ分ける.
5. 分水口 (Turnout, Off-take)	幹・支線水路から圃場内水路または,圃場ブロックへ用水を給水あるいは引水する.
6. 水路貯留区間 (Pool)	開水路で2ヶ所の調整施設に囲まれた水路部分をいい,その貯留変化は,開水路の送水特性に関係する.
7. 調整池 (Regulating reservoir)	頭首工から流送されてきた定常用水を需要パターンに変換し,また水路システムの操作管理上必要となる管理用水を一時貯留する.
8. 放余水工 (Waste way)	水路内の余剰水や流入する排水などを排除し,また,水路内の用水を任意に排除する.
9. 量水施設 (Water measuring device)	流水を一定の精度と安定した機能で計量し,その情報を提供・記録する.

めの空気弁などの通気施設が設けられる．維持管理などのためには，流水を遮断する制水門や制水バルブも設けられる．
　以上に説明した各施設の水利用機能を整理すれば表 2.1 となる．

2.3　水路システムの類型化
2.3.1　管理的側面からの分類
　その送配水操作上での管理主体の相違，システムの管理構造により水路システムに関して類型化を図ることがシステムを論議する場合に便利である．また，それぞれのシステムの特徴を水利学的に整理することは，各計画・設計技術者の認識の統一を図る上でも重要である．比較的大規模な水路システムでは一般に分水工（口）を境界として，送配水操作上の管理主体別に幹線水路システム（main canal system）と支線水路システム（tertiary canal system）の二つの部分に分けることができる．
　幹線水路システムは，供給側がある送配水計画に基づき操作，管理する領域であり，頭首工から水路沿いや末端の主要分水工（口）などへ用水を送水する目的の水路システムである．わが国では，主に国営事業などで整備された水路部分がこれに相当する．一次整備後，国から新たに組織化された土地改良区連合などに管理が委託され，用水供給側の論理で水管理される部分である．幹線水路システムは，後に述べる 1 次水路と 2 次水路から構成される．
　一方，支線水路システムは，末端主要分水工（口）やファームポンドなどから支線水路を経て，各圃場に設けられた分水口（栓）までの範囲であり，担当する単区土地改良区あるいは，水利用者が自らまたは，共同で配水管理する領域である．わが国では，国営事業に関連した県営以下の事業規模で整備された水路システムがこれに該当する．一般に水利用者側の論理で配水管理される部分である．支線水路システムは，3 次水路以下の水路で構成される．
　幹線水路システムと支線水路システムの境界において，水配分に関して供給者と利用者のそれぞれの論理が必ずしも合致しない場合には，これらの論理を調整する施設要素が調整池と分水工（口）であり，それらの水利用機能が重要となる．これらは，水路システムにおける計画・設計の心臓部であり，また，用水配分の変更など操作管理要素はここに生じる．特に，分水工（口）

における利用者側の要求の基礎をもとに，幹線水路システムの操作手法を明らかにすることが重要である．用水供給者と利用者の論理は，後で述べる機能・性能の観点にも通じるものがあるが，これを整理すると，一般に次のようになる．
(a) 供給者の論理
　①水源の保全
　②用水需要への充足
　③公平な用水配分
　④送配水費用の最小化
　⑤施設の安全性
(b) 水利用（需要）者の論理
　①任意な水使用（時間，量）
　②水使用のための管理費用および労力の最小化

2.3.2 管理構造による全体システムの分類

　水路システムはその管理構造により，それぞれ区分して議論する場合が多い．比較的小規模なシステムは一般に，管理主体が単一であり，灌漑面積が小規模で，その施設構造が単純なものである．一方，大規模なシステムは，複数の管理主体から構成され，灌漑面積が大きく，数多くの水利的要素から構成されているものが想定される．

　ここでは，2.3.1 で行った管理主体による分類を参考に全体システムの類型化を行う．

(1) 二層管理水路システム

　二層管理水路システム（dual-managed canal system）は，全体システムが幹線水路システムと支線水路システムの二つのサブシステムから構成されるものを想定する．システム内に管理主体として，供給側と水利用者側が存在する．

(2) 単一管理水路システム

　単一管理水路システムは，水利用者自らが管理する配水目的の支線水路が水源から直結するシステムであり，管理主体は単区土地改良区あるいは，水利用者などの需要側のみの場合である．具体的には，調整施設のない水源か

らのポンプ直送型パイプラインシステムなどが想定される．

2.3.3 水路の分類

水路システム内では，調整施設，分水工および調整池などの各水利施設を介して，水路が互いに分岐して行き，さらに分水口を経由して，各圃場へ用水を配分する水路網が樹枝状に形成される．水路システムの構造・機能を示すためには，この水路網の構造を特徴づける水路構造について，論理的かつ明確に表現する統一的表記手段が必要である．わが国では，施設としての水路の命名において，番号などの序列，水路の所在位置の地名や東西南北などの方位・位置などを表わす名を付ける場合が多い．また，水路には一般に，導水路，幹線水路および支線水路などの水路システム中の機能を表現する名称が使用されている．

一方，諸外国では水路名として，水路の階層構造を意識した1次水路（Primary canal），2次水路（Secondary canal）および3次水路（Tertiary canal）などの命名が一般である．水路システムの機能図として，水路名称および水利施設を機能別に表記するルールを取り決めておくと，後の水路システムの計画設計，水管理および機能診断などの検討と議論に便利である．ここでは，海外で使用されている水路のシステム上の分類について説明する．

(1) 1次水路（Primary canal）

頭首工地点から1次水路が最初に分岐する分水工（division）までを結ぶ送水用の幹線水路をいう．水路システムとして，取水地点から灌漑地区の上流端までの範囲である．水路としては，導水路や送水路として位置づけられる．

(2) 2次水路（Secondary canal）

1次水路から分水工（division）を経て，分岐する幹線水路をいう．1次

図 2.12　大規模な水路システムの一般的構成

2.4 水路システムの機能

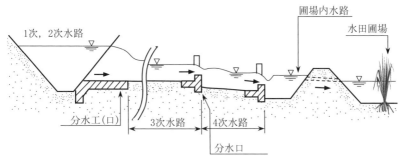

図 2.13 水路システムの水理縦断模式図の例（開水路の場合）

と 2 次水路により，幹線水路システムが構成される．

(3) 3 次水路（Tertiary canal）

2 次水路より分水口（off-take, turnout）を経て，圃場内水路へ連結する配水目的の支線水路であり，供給側の管理者と農家など需要者の一方，もしくは両者が管理する．

以上の各水路は，システム内では調整池あるいは分水工（口）で接続される．三次水路以下の水路は四次水路（Quaternary canal）または，圃場内水路（Farm ditch）となり，末端圃場システムを構成する要素となる（図 2.12，図 2.13）．

2.4 水路システムの機能 [3, 4)

2.4.1 人工物の機能とは

戦後の 1950 年代以降，わが国では，欧米から移入された科学技術を基本にし，新たな導水事業および過去に造成された水路システムの本格的な再整備・近代化が時代の要請を受けシステムの新設を中心に進展した．1990～2000 年代に入り，現在では，これらの施設の多くが機能保全の時代を迎えている．このため，今後の現有施設の計画・設計では，その現在の機能（function）を把握・分析し，要求される機能を重視した技術的な対応が必要である．ここでは，人工物の機能について，工学的側面から考える．

水路システムの目的を具体的に実体化するものの"はたらき"，または行為がその機能である．機能とは，「挙動を人間が特定の意図をもって主観的

に観察するときに発揮していると認められる人工物の働き」であると説明されている．つまり，「～を～する」というような目的語と動詞の組み合わせで表現が可能である[5]．また，機能を基準化するためには，次の3条件が必要であるといわれている[6]．
(1) 機能を満たすためには，具体的な"方式"，すなわちシステムの実体が存在しなければならない．
(2) 一つの機能を定量的に規定するためには，"広がり（規模）"と"程度"を規定する必要がある．
(3) 機能には，規模に応じて好適なその範囲がある．

なお，機能を具体的に論じる設計などの場合に使われる性能（performance）とは，この機能の性質や能力を数値や具体的な構造・形状として表現・規定する技術用語である．性能とは機能を実現する工学的要素と考えることができる．

2.4.2 機能・性能の観点[7]

ものに要求される機能は，これを享受する主体により異なり，各機能は相互に競合することもある．このため，設計者は，水利用者や施設管理者などの各観点からの意向を理解し，システム内の機能の矛盾を最小化する必要がある．水路システムでは，主に次の複数の主体からの観点を総合調整する必要がある．

(1) 農家，耕作者，水利用者（需要者）
①用水の充足（作物へ灌漑するための許容可能な水質と水量）
②用水供給の信頼性（事故による障害がなく，配水が利用者の予想に一致していること）
③水配分の利用者間での公平性
④費用負担の最小化

(2) 土地改良区（用水供給者，施設の運用管理者）
①操作性
②システムの動作の信頼性（故障がない）
③システムの耐久性
④保守性（維持管理の容易性）

⑤維持管理の経済性（特に，揚水灌漑では電力量の節減が重要である）
(3) 事業管理者
①経済性（システム構築時の費用対効果）
②予算，財政の負担
③環境性（地域，社会からの要請）
④技術基準（事業としての要件）
(4) 国民，評価者，地域住民
①送配水効率（水資源の有効利用）
②環境性（多面的機能，水質保全，生物多様性など）
③持続性

2.4.3 水路システムの機能

　国土交通省では，これまでの各構造物の特性に特化した基準標準間や国際技術基準との整合性を図るために分野・構造種別を超えた「土木・建築にかかる設計の基本」を2002年10月に策定した[8]．本報告では，構造設計に係わる技術標準の策定・改訂の基本的方向が示され，構造性能の特性から要求性能の検証（照査）法として信頼性設計を基本とした．その際に，構造物の安全性（safety），使用性（serviceability），修復性（restorability）などの基本的要求性能を明示的に扱うと整理された．しかし，土木分野の性能規定化の内容は，土木構造物の構造分野に限られており，農業水利施設で不可欠な水理・水利用学的問題や用水を効率的に分配水する動的な機能などの基本については，農業水利分野の課題である．

　水路システムの基本的要求機能として，用水の供給機能すなわち水利用機能がその施設の本来的な固有の機能に位置付けられる．階層的には，これが上位機能になり，この機能を実現する下位機能として水理機能と構造機能が構造化されている[3]．農業水利施設に対しての性能規定化は，地盤コード21の階層構造が参考になり，設計の基本となる包括的な設計コードを基礎に水路工などの各種工種の設計を立てるべきとしている[9]．地盤コード21は，構造物設計の基本として，設計供用期間中の目的，機能，要求性能，性能の限界状態および許容される照査法などを規定している[10]．ここでは，地盤コードに準拠して，水路システムの機能とこれに関連する性能の規定化の基

本を考える．用水を主体とした水路システムを論ずる時の構成施設要素およびその機能は，すでに表 2.1 に整理した．次に，水路システムの固有の機能である水利用機能（water serviceability）を支える基盤的機能である水理機能（hydraulic ability）と構造機能（structural ability），また，農業水利システムに共通の利水安全度と関連が深い安全性・信頼性（safety and reliability）についての機能規定化（案）を表 2.2 に示す．さらに，近年では，環境性に対する社会的価値が増大し，この機能・性能の位置付けの議論も重要である．このため，施設の周辺に対する狭義の環境性を水利用機能に位置付け，一方，システム全体が発揮し，その影響が広域に及ぶ洪水緩和や地下水涵養などの広義の環境性である多面的機能は，社会的機能に位置付けられ

表 2.2 水路システム（用水）の機能の記述案（地盤コード 21 を参考）

区分	具体的記述案	内容
目的	管理者が水源から目的地まで，所定の水量と水頭を維持して，用水を送水・配水することにより，水源から離れた所に位置する圃場，分水口もしくは，使用者に必要な用水を適時供給する．（本来機能：水利用）	構造物に要求される性能内のある特定のもの（例えば構造機能）についての社会的最終目標を，一般的な言葉で表現したもの．
機能規定	(1) 水理機能 　　用水を安全に流送，配分，貯留する． (2) 水利用機能 　　水源から分水口または，圃場まで適時，適量の用水を無効放流することなく効率的，公平かつ均等に送水・配水する． 　　（狭義の環境性を含む） (3) 構造機能 　　(1)，(2) の機能を実体化するための水利構造物の形態を保持する． (4) 安全性・信頼性 　　定められた期間中に一定条件の使用環境のもとで，その機能を正常に果たす． (5) 広義の環境性（多面的機能等） (6) 経済性	目的が満たされるために構造物が供給する機能を一般的な用語で説明する．
要求性能	別表（表 2.3）	機能規定が満たされるために必要な詳細な規定．性能照査に用いることのできるレベルの性能に関する規定．

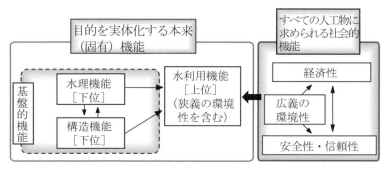

図 2.14 水路システム（用水）の基本的機能の構造化案

ている．

なお，経済性は，他の技術分野との共通性が高いため，あえて，ここでは定義しないが，機能の発揮において，造成時の費用対効果や運用維持管理経費として金額で評価され，システムの重要な評価指標の一つとなる．

表 2.2 では，システムの基本的機能を大きく 6 つに分類した．また，規定化の基本的考え方から各機能の関連を考慮した階層構造化試案を図 2.14 に示す．水利用機能は，水路システムを対象にその本来（固有）機能の発揮のために農業用水の配水方式や水管理方式などについて規定化するものである．この水利用機能を実現する基盤的機能としてシステムを構成している各水利構造物に対して水理機能と構造機能が求められる．この本来機能の他にすべての人工物には，社会的に経済性と安全性・信頼性が要求され，近年では前述したように環境性が重要視される．

2.4.4 要求性能の基本的項目

機能を実現する要求性能の中で水路（用水）システムに共通する基本的項目について考える．本来機能に属する要求性能（本来性能）を機能に準拠して，水利用に対する性能，水理に対する性能および構造に対する性能に区分する．これらの性能は，技術用語としての定義は行わず，各要求性能項目が属する技術分野名とした．各要求性能を具体的に技術情報化するために，各性能が工学的に用語定義され，性能目標となる指標などで可能な限り定量的に表記される必要があるといわれている[11]．このため，表 2.3 に示すように水理に対して 6 項目，水利用に対して 8 項目および安全性・信頼性に対し

表2.3 水路システム(用水)の基本的要求性能の定義案

要求性能 技術分野			要求性能の項目(方式)	性能の定義案
本来性能	水理に対する性能		通水性(通水能)	用水を安全に流送,配分,貯留する.
			水理学的安全性 (パイプライン)	管路内に発生する水撃圧による破損,漏水に対する耐性を有し,水撃圧を低減する.
			水位・流量制御性 (方式)	送水の操作方式を規定し,水路内の水位・圧力・流量を制御する.
			分水制御性(方式)	幹線・支線水路からの用水の分水を制御し,分水量を計測する.
			水路内貯留性(量)	用水の需要と供給を調整し,不測の事態に備えるための用水を水路内に貯留する.
			放余水性	通水性を確保し,溢水防止のために余剰水やシステム内に流入する排水などを排除し,または,水路内の用水を任意に排除する.
	水利用に対する性能	送配水性	水管理性 (方式)	分水工(口)において供給者または需要者が用水配分を意思決定する.
			分水均等性	計画的に用水を分水する.
			配水弾力性	分水口において設計最大分水流量の範囲内で用水需要の変動に応答する.
			水管理制御方式 (操作・運用方式)	操作・管理・計測機器を安全かつ効率的に操作・運用する.
			保守管理・ 保全性	点検・保守および保全が容易である.
			対人安全性	要員が安全に施設管理でき,また,第3者への安全性を確保する.
			環境性(狭義)	周辺の住・自然環境や景観との調和に配慮する.
	構造性能		・安定性 ・力学的安全性 ・使用性 ・耐久性	(省略)
安全性 信頼性			施設安全性・信頼性	施設故障,破損が発生しない.
			水利学的安全性・信頼性	施設安全性・信頼性の確保の下に,規定の用水供給条件を満足する.
環境性 (広義)			多面的機能	―

2.4 水路システムの機能

て2項目の性能項目を抽出し用語の定義が説明されている．信頼性・安全性は，前述のように水利用との関連性が高く，利水上の安全性などの確保の観点から定義されている．各性能の照査や具体的な実現については，第7章の設計の問題で説明する．

本来性能の中で上位にある水利用の性能分野は，水路システムの目的から，頭首工で取入れた用水量を各分水口へ送水・配水する送配水性がその実態として位置付けられる[3)]．本性能は，用水計画や水管理・運用面で定量評価される施設管理用水量（送水損失量と配水管理用水量）から算定される送配水（水利用）効率（irrigation efficiency）により照査が可能である[12)]．送配水効率は，式（2.1）で示される．

$$E_c = \frac{\sum_{i=1}^{n} q_i}{Q_{in}} = \frac{Q_{out}}{Q_{in}} \tag{2.1}$$

ここで，E_c：送配水効率，Q_{in}：水路システムへの流入量（取水量），q_i：各分水口などへの配水量（nヶ所），$\sum_{i=1}^{n} q_i = Q_{out}$：全配水量（水路システムからの流出量），$Q_{in} - Q_{out}$：施設管理用水量（水路および放余水工から流出する管理用水量あるいは無効放流量）

本効率は，計画・設計時や運用中の既存システムの評価のための用水の量的な分配水効率であり水利用に関する性能の代表である．また，この効率の低下に対しての保全管理や更新・再整備においては，漏水防止や通水性の改善などの水理・構造面からの向上が求められる．なお，送水量や配水量は，時間の関数となることから，送配水効率は，定常時および非定常時とも照査される必要がある．

次に，式（2.2）で示す任意の水路区間内での送水・配水操作前後の水路内貯留変化量に対応した用水到達（遅れ）時間（water travel (lead) time：$\Delta V/\Delta Q$）は，その2点間の送配水性を水管理の利便性から評価する指標となる．本性能の指標は，上流制御方式の水路に対して意味を持つ．

$$T_o = \frac{\Delta V}{\Delta Q} \tag{2.2}$$

ここで，T_o：水路内貯留変化量から求める用水到達（応答）時間，ΔV：送水など操作前後の水路内貯留変化量（開水路），ΔQ：送水など操作前後の

流量変化量

　水利用に対する性能の代表となる送配水性は，①送配水効率および②用水到達時間を指標として性能照査が可能である．また，送水・配水に係わる設計のための操作仕様である水管理方式もシステム設計の最上位に位置するため，上位の階層に位置付けられる．水理に対する要求性能では，水理学的手法により照査が可能なものを抽出し，その中で，用水を送水・配水するための通水性が水路，分水工（口），調整施設などの各施設要素に共通な基本的要求性能になる．

　以上の性能分析から，水路システムの水理・水利用学的側面からの本来性能に対する基本的要求性能として，送配水性，水管理方式および通水性の3大性能を上位に位置付けることができる．

　以上の性能の他に，水利用に対しては，各分水工（口）間の分水均等性，末端の用水需要変動などに対応する配水弾力性，システムに対する管理機能に関係する水管理制御方式（操作・運用方式）と点検・保守の容易さを示す保守管理・保全性，対人安全性および狭義の環境性などを規定する必要がある．

　水理に対するその他の性能としては，送水の制御性に係わる水位・流量制御性，分水工（口）の配水性を規定する分水制御性，システム内の用水到達時間を規定したり流量調整機能の役割を果たす水路内貯留量および放余水工における放余水性を挙げることができる．

　パイプラインの特性としては，水撃圧に対する安全性も水理学的性能として水理および構造設計において不可欠である．一方，安全性・信頼性については，水理，水利用および構造に対する性能が実現して初めて担保される性能である．この性能分野には，性能故障と施設故障に対応する施設安全性・信頼性と水利学的安全性・信頼性を規定することができる．

参考文献
1) 農林水産省農村振興局：土地改良事業計画設計基準　設計「パイプライン」技術書（2009）pp.141-143.
2) 農林水産省農村振興局：土地改良事業計画設計基準　設計「水路工」基準書（2001）pp.7-9.

3) 中　達雄・田中良和・向井章恵：施設更新に対応する水路システムの性能設計，農業土木学会誌，71（5）（2003）pp.51-56.
4) 中　達雄・樽屋啓之：用水路系に対する水利学的性能の基本的考え方，農業農村工学会論文集，256（2008）pp.9-15.
5) 吉川弘之・冨山哲男：設計学　－ものづくりの理論－，放送大学教育振興会，(2000) pp.71-73.
6) 赤木新介：システム工学，共立出版（1992）pp.16-17.
7) Herve Plusquellec・Charles Burt・Hans W. Woiter：Modern Water Control in Irrigation, World Bank Technical Paper No.246（1992）pp.10-13.
8) 国土交通省土木・建築にかかる設計の基本検討委員会：土木・建築にかかる設計の基本（2002）pp.1-31.
9) 野中資博・村上　章・服部九二雄・青山咸康：農業水利施設の設計施工とその性能照査における基本的論点，農業土木学会誌，72（3）（2004）pp.8-11.
10) 地盤工学会：包括基礎構造物設計コード「地盤コード21 Ver.1.1」（2000）pp.1-26.
11) 土木学会構造工学委員会：性能設計体系における合意形成評価手法に関する研究小委員会報告（2003）pp.6-7.
12) 農林水産省構造改善局：土地改良事業計画設計基準，計画　農業用水（水田）(1992) pp.56-57.

第3章　水路システムにおける流れの基礎水理

3.1　はじめに

　水路システム内の水の流れは，開水路と管水路の流れ，ゲート・バルブ付近，落差部および屈曲部などの局所的な流れおよび水面・圧力変動など極めて多様な水理学的挙動をともなって圃場まで流下する．その運動力学的流れの基礎理論と工学的な設計制御技術を提供するものが流体力学を基礎におく水理学である．水は物質的には流体であり，簡単に形状を変えることができ，つかみどころがない側面もある．ここでは，水路内の水の流れとして水路方向に1次元の流れを主体に，その基礎理論を説明する．水路システムでは，作物の成育状況や気象条件などにより圃場への送水・配水量が時期的および時間的に変化することから，流れが時間的に変化する非定常流までを考える必要がある．なお，紙面の関係で，説明の範囲と内容が限られることから，水理学の全般および詳細については，ここで参考文献に挙げた水理学などの専門書を参考にされたい．

3.2　次元・単位と水の物理的性質
3.2.1　次元と単位 [1]

　農業用水を輸送するための水路内の水の力学的運動などを扱う水理学における関係式では，質量（物体が持っている物質の量），長さ，時間，加速度，圧力などの多くの物理量が用いられる．

　これらの物理量の中で，独立な基本量3個を選べば，他の物理量は基本量の指数で表わすことができる．たとえば，長さ，質量（m）および時間（t）のそれぞれ物理的な性格の異なる基本量を選び，その次元を〔L〕，〔M〕，〔T〕とすると面積は〔L^2〕，体積は〔L^3〕，速度は〔LT^{-1}〕，加速度（a）は〔LT^{-2}〕で表わされる．また，ニュートンの運動方程式（$F=ma$）から，力（F）の次元は〔MLT^{-2}〕となる．

　これらの物理量の大きさは，一定の基準の大きさを決めておいて，その基準の何倍であるというように表わす．この基準量が単位である．これを式で

表わすと「物理量の大きさ＝数値×単位」となる．現在は，国際単位系（SI）が単位として使われ，7つの基本単位を基に，その他の物理量の単位は，組み立て単位となっている．工学的に流れを取り扱う水理学で用いられる主な量とその単位などを表3.1に示す[1]．

表3.1　水理学で用いられる主な量とその単位 [1]

量	SI単位	次元	量	SI単位	次元
質量	kg	M	力（あるいは重量）	N（$kg \cdot m \cdot s^{-2}$）	$ML \cdot T^{-2}$
長さ（水頭など）	m	L	圧力（静水圧など）	Pa（$N \cdot m^{-2}$）	$ML^{-1} \cdot T^{-2}$
時間	s	T	運動量	$kg \cdot m \cdot s^{-1}$	$ML \cdot T^{-1}$
面積	m^2	L^2	単位重量	$N \cdot m^{-3}$	$ML^{-2} \cdot T^{-2}$
体積	m^3	L^3	密度	$kg \cdot m^{-3}$	ML^{-3}
流速	$m \cdot s^{-1}$	$L \cdot T^{-1}$	粘性係数	$Pa \cdot s$	$ML^{-1} \cdot T^{-1}$
体積流量	$m^3 \cdot s^{-1}$	$L^3 \cdot T^{-1}$	動粘性係数	$m^2 \cdot s^{-1}$	$L^2 \cdot T^{-1}$
加速度	$m \cdot s^{-2}$	$L \cdot T^{-2}$	圧縮率	Pa^{-1}	$M^{-1}L \cdot T^2$

3.2.2　水の物理的性質 [2]

流体力学や水理学において，水の運動を解析するためには，その水の物理的性質を良く知ることが大切である．水に対して主に働く圧力や重力による力を評価するためには，その密度，単位重量（w）および質量が重要になる．密度（ρ）は，単位体積当たりの質量であり，その単位はkg/m^3である．これらの値と後で述べる水の各種物性値を表3.2に示す．水の密度は，温度が4℃で最大となり，その値は，$1,000 kg/m^3$である．

(1) 圧力の説明

一般に，ある物体（気体，液体，粉体，固体など）の中の任意の面を考えると内力が働いている．これを応力と呼び，外部から作用する外力に抵抗する．この内面に働く応力は，単位面積に対する単位で表される．静止した水の中には，内面に垂直に作用し，互いに押し合う応力が働いており，これを圧力と呼ぶ．人間が生活している空間では，大気圧が生じていることから，

表 3.2 水の各種物性値

水温 (℃)	密度 ρ (1気圧) (kg/m^3)	単位重量 w (1気圧) (kN/m^3)	体積弾性係数 $E_v \times 10^{-6}$(1気圧) (kPa)	圧縮率 α (1気圧) (m^2/kN)	粘性係数 μ (Pa·s)	動粘性係数 ν ($\nu = \mu/\rho$) (m^2/s)
0	999.9	9.806	1.99	0.502×10^{-6}	1.795×10^{-3}	1.794×10^{-6}
5	1000.0	9.807	2.04	0.489×10^{-6}	1.519×10^{-3}	1.519×10^{-6}
10	999.7	9.804	2.09	0.478×10^{-6}	1.310×10^{-3}	1.310×10^{-6}
15	999.1	9.798	2.14	0.467×10^{-6}	1.146×10^{-3}	1.146×10^{-6}
20	998.2	9.789	2.19	0.457×10^{-6}	1.010×10^{-3}	1.010×10^{-6}
25	997.1	9.778	2.23	0.449×10^{-6}	0.898×10^{-3}	0.898×10^{-6}
30	995.7	9.764	2.25	0.444×10^{-6}	0.804×10^{-3}	0.804×10^{-6}

土木学会：水理公式集 [平成 11 年版], p.713, 第 22 表より作成

流体内での圧力の概念は良く理解できる．

静止した単位重量 w の水の中に，図 3.1 に示す長さ dz，断面積 A の微少円柱を切り取り鉛直方向に，正負の圧力と微少円柱の重さなどの力の釣り合いを考えれば，式 (3.1) が成立する．

なお，$z+\Delta z$ の水圧 $(p+(\partial p/\partial z)dz)$ は，第 3 項以下を無視したテーラー展開から導入されている．自由水面である $z=0$ の地点で，圧力が $p=p_0$ とすると z 地点の水中の圧力は式 (3.1) を積分した z の関数，式 (3.2) で表される．

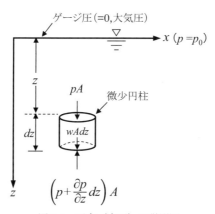

図 3.1　圧力（水圧）の説明図

$$pA + wAdz - \left(p + \frac{\partial p}{\partial z} dz\right)A = 0$$

$$\therefore \frac{\partial p}{\partial z} = w \tag{3.1}$$

$$p = p_0 + wz \tag{3.2}$$

水圧を表す場合,真空を基準にする圧力を絶対圧といい,大気圧を基準とする圧力をゲージ圧という.圧力の単位はパスカル(P_a)であり,$1P_a$は$1N/m^2$である.水理学では,圧力を自由水面からの水深(水柱の高さ)に等しい水頭(p/w(m):pressure head)で表示する場合が多い.

(2) 粘性の説明

流れている水の中には,ある任意の面の接線方向に内部摩擦力が働いている.図3.2に示すように,いま静止および等速で移動しているhの距離離れた2つの板壁に挟まれた水を考えると,水はこの板に付着することから,下の静止した板に付着した水は静止し,上部の等速度Vで移動する板に付着した水はVで移動する.この時に,速度を平均化して一様にしようとするせん断応力が発生する.これは,水の中に働く摩擦力(せん断応力)の働きの影響であり,この性質を粘性(viscosity)という.

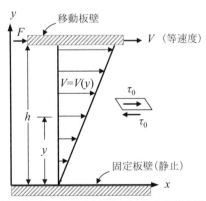

図3.2 2つの平行な壁に囲まれた流体の運動

この粘性の性質が流体の流れのエネルギーの損失など運動力学的特性に大きく影響する.x軸に平行なせん断応力(τ_0)は,流れの場における速度勾

配に正比例し，式（3.3）で表される．

$$\tau_0 = \mu \frac{dV}{dy} \tag{3.3}$$

式（3.3）中の μ は，物質により決まる粘性係数といい，粘性係数を水の密度で除した $\nu = \mu/\rho$ を動粘性係数という．

(3) 圧縮性

水の圧縮性は，極めてわずかであり，管水路内の弾性波による圧力変化の問題を除き，無視することが多い．水の体積弾性係数 E_v は圧力変化 Δp とそれによって起こされる体積ひずみ（$-dV_0/V_0$）の比として式（3.4）で定義される．圧縮率 α はその逆数である．なお，水と同じ流体である気体は容易に圧縮できる．

$$E_v = \frac{dp}{\dfrac{dV_0}{V_0}} = \frac{dp}{\dfrac{d\rho}{\rho}}, \quad \alpha = \frac{1}{E_v} \tag{3.4}$$

(4) 表面張力

表面張力は，液体と気体との境界面に働く分子引力による力であり，その次元は，[MT^{-2}] である．流れの場における堰などからの越流現象を扱う水理模型実験では考慮するが，一般の水理学では，表面張力の影響を考えることは少ない．

3.2.3 水の物性による扱う流体の種類

先に述べた流体の粘性と圧縮性を考慮せず，流体を理論的に簡単に扱う場合がある．このような仮想流体を完全流体（perfect fluid）または，理想流体という．しかし，実際の流れを工学的に扱うためには，重力や圧力の他に，運動を支配する流れの境界面と流体内部で生じる粘性による摩擦抵抗（せん断力）を考える必要がある．この粘性を考慮した流体を粘性流体（viscous fluid）という．水路を扱う水理学では，実用的にこの粘性流体を主に対象とする．また，管水路などの流れの圧力変化などを考慮する場合には，流体の圧縮性も考慮する必要があり，この場合の流体を圧縮性流体（compressible fluid）という．なお，自由水面が大気と接する開水路の流れでは，流体の体積変化の影響は，流れに大きな影響を与えないため，非圧縮性流体と見なす

ことが一般的である．

3.3 流れの基礎原理 [3, 4]
3.3.1 流体粒子，流線，流管，経路線の概念

流れの基礎原理は，流体力学の理論を基盤にしている．この基本的理論では，流体のマクロ的性質が保持されている流体粒子（fluid particle，または流体要素という）を基本概念にしている．流体粒子は，同じ移動速度と密度をもつと考えてよい程の十分に小さく，流体のマクロ的性質が充分保持されている微少部分の流体と仮定されている．応用力学においても同様な力学的概念として，質点（物体）の概念を用いている．また，個々の流体粒子を考えると複雑になることから，さらに実用的には，流体を流体粒子の集合体であり，圧力，密度，速度などが空間的に連続して変化している連続体と考えて，解析することが多い．

流れの状態を考える場合には，運動している流体によって占められる流れの場（flow field）において，いろいろな概念用語が使われる．次にこれを説明する．

① 流　線：ある時刻における流体粒子の速度（ベクトル）の方向を連ねる線を流線（stream line）という（図 3.3）．流れの状態が時間とともに変化する非定常な場合，流線の形状は時間によって変化する．

図 3.3　ある時刻の流線と速度の関係（2 次元流）

② 流　管：流れの場の中に 1 つの小さな閉曲線を考え，この閉曲線上の各点を通る多数の流線を引けば 1 つの管が構成される．この管を流管（stream tube）という．定常流では，流管の形状は，時間的に不変であり，流体は，あたかも流管と同じ形状の管中を流れるよ

うに考える．流管の壁は，流線から構成されることから，流体は流管の壁を横断することはない．管水路内の流れは，この流管の概念と一致するものである．

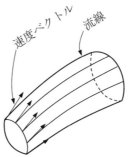

図 3.4　流管と流線の関係

③経路線：流体粒子が流れるにつれ時間の経過とともに描く線である．流跡線（path line）ともいう．ある流体粒子のこの道筋は，時間の関数であり，流体粒子の位置によって定義される．定常流においては，経路線と流線は同一線となる．一方，流れの状態が時間的に変化する非定常流では，流線の形状は時間的に変化し，経路線と流線は一致しない．

3.3.2　流れの見方

　流れの現象は，先にも述べたように，その流体の粒子などを流れる場に連続的に分布している連続体（流体の微小なかたまりである流体粒子の無数に多くの集合体）として考える．物体の運動を考える場合には，この他に流体粒子を質点系の力学によって調べることもできる．ここでは，その見方の違いについて考える．流体の運動は，ラグランジュ（Lagrange）の方法か，オイラー（Euler）の方法の何れかによって示すことができる．ラグランジュの方法は，先に述べた質点系の力学として，物体の重力による自由落下のように，1つの流体粒子に着目し，その粒子の位置と速度を時間の経過とともに調べる方法である．しかし，流体内には無数の粒子が存在し，これらは相互に影響して運動していることから，本方法では解析が膨大かつ複雑になることから一般に流れを扱う場合には，本方法の適用はまれである．一方，流れの場の空間に固定した有限な点の流れの速度や圧力を位置と時間の関数と

して取り扱う方法がオイラーの方法である．この場合，解析対象とする空間の任意の点についての流れの状態とその時間的変化を知ることが課題となる．

まず，質点系の自由落下の運動に類似する鉛直下向きの完全流体の流れの問題を両者の方法で考えて見る．水は高い所から低い所へ流れるように，一般的な水の流れは，主に重力と圧力がその運動を支配している．

本問題を解析するラグランジュの方法では，鉛直の管の流れの中の1つの流体粒子を質点と見なし，時間ごとにその同一の質点の位置とその速度を解析することが問題となる．なお，本問題では，空気抵抗などの重力以外の力を無視し水の粒子には重力のみが作用すると考える．

図3.5は，水を貯留している広い水槽に設置された水栓の蛇口が閉められている状態で蛇口から残水である1つぶの水滴（流体粒子）が鉛直下向きの s（落下距離）の方向へ落下する状態を示したものである．

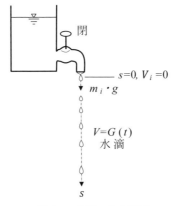

図3.5 水滴の自由落下

落下する水滴（水の粒子 i）に着目する場合（なお，落下中の水滴は飛散や分散はないものとする），質量 m_i の水滴 i は，$m_i \cdot g$（g：重力加速度）の力を鉛直下向きに受け，初期条件（$t=0$, $s=0$）において，V_i（$=0$）の速度から重力により下方へ力を受け運動を開始する．この時の水滴 i の速度（V_i）は，時間（t）の関数となる（$V_i=G(t)$）．運動方程式は，式（3.5）で示される．本式は，運動に関するニュートンの第2法則である．a は，水滴 i の加速度（$a=dV_i/dt$）である．

$F=ma$ より,

$$m_i \cdot g = m_i \cdot (dV_i/dt) \tag{3.5}$$

式（3.5）を積分すると,

$$g \cdot t = V_i \tag{3.6}$$

$V_i=ds/dt$ より, $ds=g \cdot t \cdot dt$ となり, これを積分すれば, ある時刻 t の水滴 i の位置 $s(t)$ は,

$$s(t) = \frac{1}{2} g \cdot t^2 + s(0) \tag{3.7}$$

となり, 時々刻々の着目した水滴 i の速度（式（3.6））と位置（式（3.7））が求められる.

一方, 蛇口が開き常に水が流下する場合, 水脈を形成し, この連続体である流体の解析では, 次々に蛇口から流出する流体粒子（質点）ごとに解析することになる. 実際の水路における水利用では, その水が何処に移動するかを知ることは, さほど重要ではなく, その蛇口の下の水を利用する場所における流量や圧力などが重要となる. その場合, 次に説明するオイラーの方法を適用することになる.

オイラーの方法で解析する場合には, 流れの場における解析（流路）範囲を設定し, その定まった区間内あるいは地点の速度などを調べることになる. ここでは, ラグランジュの方法で説明したと同様に, 解析問題の理解を容易にするために, 重力だけが作用すると考えた広い水槽の底にある孔口から管路を経てその下流端のバルブから流出する鉛直下向きに流下する完全流体の流れの問題を考える（図3.6）. 解析範囲は, 図3.6に示す水槽底から管路下流端（バルブ地点）までの区間 L である.

初期条件として, 管路の末端のバルブは閉塞され, 管路には静止した水が存在し, ある時刻にバルブを瞬時に開放して, 水が静止状態下から定常的に流出するまでの非定常な状況を解析する. 下方方向 (s) に単位長さ (ds) の等間隔に流路区間を微少部分の流体要素に分割し, その各地点の速度を求める. 各地点の速度は, 距離と時間の関数（$V=G(s, t)$）として取り扱う. 境界条件として, 水槽の水面積は広く, 水槽底地点の水の粒子の速度は 0 と仮定する. また, 流れの状態としては, その地点の水の流速のみを問題とす

3.3 流れの基礎原理 51

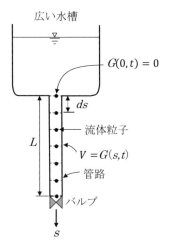

図 3.6 流路内の鉛直方向の流れ

る.

解析区間内のある微少区間 (ds) に運動方程式を適用する. 各地点の流速は, 時間 (t) と距離 (s) の関数であることから, 任意の時刻 t で流速 V, 位置 s にあった流体粒子は時刻 ($t+\Delta t$) では, 位置 $s+V\Delta t$ に移動するから $V+\Delta V$ は $G(s+V\Delta t, t+\Delta t)$ となる. したがって, 流体粒子の速度の増分 (dV) はテーラー展開より, 式 (3.8) で示される.

$$\Delta V = G(s+V\Delta t, t+\Delta t) - G(s, t)$$
$$= \frac{\partial V}{\partial s} V\Delta t + \frac{\partial V}{\partial t} \Delta t \tag{3.8}$$

よって, 流速 V の実質的微係数は式 (3.9) となる.

$$\lim_{\Delta t \to 0} \frac{\Delta V}{\Delta t} = \frac{DV}{Dt} = \frac{\partial V}{\partial t} + V \frac{\partial V}{\partial s} \tag{3.9}$$

ここで, 実質的微分を表す演算子を DV/Dt で表す. なお, 加速度は局所的加速度 ($\partial V/\partial t$) と流体粒子の移動 (移流) による加速度分 ($V \cdot (\partial V/\partial s)$) を含んでおり, これを運動力学的加速度と言う. 管路の断面積が場所的に変化すれば, 流速は変化するため場所的な流速の変化項の存在は容易に理解できる. オイラーの方法では, 流体粒子の速度は時間の関数だけでなく, 場所 s の関数でもあることに留意する必要がある. 重力のみを考慮した運動方程

式は，式（3.10）で表される．

$$m_i \cdot g = m_i \frac{dV}{dt}, \quad \frac{DV}{Dt} = \frac{\partial V}{\partial t} + V\frac{\partial V}{\partial s} = g \text{ より,}$$

$$\therefore \frac{\partial V}{\partial t} + V\frac{\partial V}{\partial s} - g = 0 \tag{3.10}$$

式（3.10）は，偏微分方程式であることから，一般には本式を差分式に変形し，数値解析で解くことになる．数値解析の中の差分法を用いて解法する場合には，ある初期条件から水槽底（$s=0$）の流速値（$V=0$）の境界条件によって任意の地点の経過時間ごとの流速を求めることができる．本数値解法の問題は，図3.6に示すように水槽から下方に伸びた区間長 L を有限個に分割し，それぞれの微少区間（ds）で運動方程式を解法して，流速を求めることになる．すなわち，微分方程式の初期値問題となる．なお，ここでの説明では，流れの運動のみを考慮しており圧力やその流量は考慮していない．

差分式は，

$$\frac{\Delta V}{\Delta t} + V\frac{\Delta V}{\Delta s} - g = 0 \text{ から,}$$

$$\therefore \Delta V = \frac{g}{\left(\frac{1}{\Delta t} + V\frac{1}{\Delta s}\right)} \tag{3.11}$$

となる．初期条件において上流端（$s=0$）は $V=0$ となり，運動方程式の差分式は $\Delta V = g \cdot \Delta t$ となる．

なお，実際の流れを扱う場合には流速を求める運動方程式の他に，質量の保存性を調べる連続式と連立させて解法し，流量と圧力を求める必要がある．

3.3.3 流れの様態

(1) 層流と乱流

各流体粒子がそれぞれ交差することなく，滑らかな流れが層流であり，粒子が混じり合って不規則な流れが乱流である．用排水路内などの実際のほとんどの流れが，この乱流の領域である．

(2) 定常流と非定常流（不定流）

ある場所における流速や水深などの流れの状態が時間的に変化しない流れを定常流（steady flow）という．この定常流の中でも流速などの場所的な変

化のない流れを等流（uniform flow）といい，場所的な変化のある流れを不等流（varied flow）という．一方，時間的に流れの状態が変化する流れを非定常流（不定流：unsteady flow）という．

(3) 1次元，2次元，3次元流れ

開水路と管水路の流れを見た場合，その主流方向に s 軸をとると速度などは，ひとつの空間座標 s によって定まるような流れを1次元流れ（one-dimensional flow）という．流速 V は，先にも述べたように位置と時間の関数 $V=G(s, t)$ で表される．一般に水路の流下流量や通水能力などの設計では，この1次元流れを主に扱う．

開水路の縦断的あるいは平面的な線形の変化付近での流れを考える場合など，x, y（または x, z）座標での2方向の速度成分を有する流れを2次元流れという．2次元の流れは，流れの境界面からの剥離や渦の発生など，水路の局所的なエネルギー損失などを検討する場合に対象とすることが多い．さらに，流れを実空間でとらえる場合の流れを3次元流れといい，3方向の直角座標系（x, y, z）の速度成分をもつ流れである．この3次元の流れの解析は，近年，コンピュータと数値解析技術の進展により，急速に研究が発展している分野である．

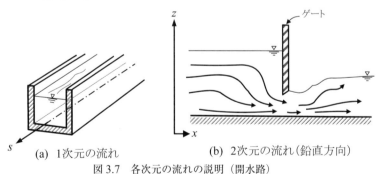

(a) 1次元の流れ　　　　(b) 2次元の流れ（鉛直方向）

図 3.7　各次元の流れの説明（開水路）

(4) 開水路と管水路

開水路は，大気に接した自由水面をもつ流れである．一方，管水路は流路中が全て水などで満たされた圧力をもつ流れをいう．水路の型式は，管水路であっても管内に自由水面を持った流れは開水路であり，それらの水路を暗渠（conduit）という．

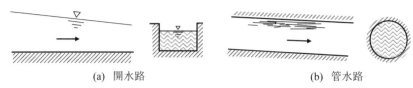

(a) 開水路　　　　　　　　　　　(b) 管水路

図3.8　開水路と管水路

(5) 混相流

　物質の状態は，気相，液相，固相の3つに区分でき，そのうちの2つ以上の異なる相が混在し，相互に作用し合いながら運動するとき，そのような混合体を混相流という．農業用水路では，落差工下流での空気混入流の発生や管水路内での空気混入現象の問題がある．特に，管水路では，空気と流れの相互作用は，通水能力や圧力変動などの非定常な技術的課題として重要な問題である．この問題については，3.6.5で詳しく説明する．また，水路内に土砂が含まれる場合も固液の混相流である．

3.3.4　等流の流れ[5]

　等流の流れは，定常状態下で流体としての粘性を考慮し流れの外部から受ける力が平衡し，かつ，流路の形状に変化がなく各場所で流速が変化しない流れである．この粘性流体を対象とした等流状態を仮定して，設計対象流量に対しての水路の断面や施設容量を設計することが一般に行われる．したがって，等流の流れの概念とその解析は，工学的に重要な意味を持つ．

　水路の断面変化がないことから流れのエネルギー損失は，水と接する水路壁面との摩擦損失が主体となる．この摩擦は，水の粘性と水路壁面の表面形状が影響する．

　いま，図3.9に示すように，断面積A，水に接する部分の流水断面方向の長さS（潤辺という）の一様な管路および開水路に等流状態で水が流れているとする．水路の一部から流れの方向に長さlの部分を切り取り，力のつり合いを考える．管水路の2断面の圧力をp_1とp_2，管路の壁面に作用する摩擦力をτ_0（せん断応力）とする．流れの方向には，2断面に作用する圧力差$(p_1-p_2)\cdot A$と重力の流れ方向の分力$wAl\sin\theta=wA(z_1-z_2)$が作用し（$l\sin\theta=z_1-z_2$），流れの反対方向には，$\tau_0 Sl$が作用する．したがって，管水路の場合，式（3.12）が成立する．

3.3 流れの基礎原理

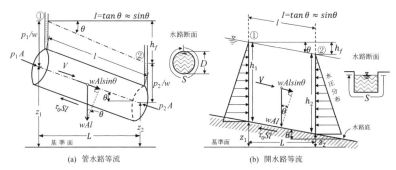

(a) 管水路等流　　(b) 開水路等流

図3.9　緩やかな勾配における等流の力のつり合い

$$A(p_1-p_2)+wA(z_1-z_2)-\tau_0 Sl=0 \tag{3.12}$$

流路の壁面に働く流れに作用する摩擦力は，式（3.12）を整理すれば，式（3.13）で表される．ここで，動水勾配 $I=\{(p_1/w+z_1)-(p_2/w+z_2)\}/l$ および，$R=A/S$ を導入する．R を径深（hydraulic radius）という．なお，緩勾配では $\tan\theta(I=h_f/L)=\sin\theta$ と近似できる．図3.9 の h_f は，2断面間の摩擦損失水頭である．

$$\tau_0 = wRI \tag{3.13}$$

開水路の等流（$h_1=h_2$）においても，重さの流れ方向の成分（$wAl\sin\theta=wA(z_1-z_2)$）が壁面摩擦抵抗（$\tau_0 Sl$）と等しいので，$I$ を水面勾配（＝水路底勾配）とすると，同じく式（3.13）が成り立つ．

せん断力は，流れが十分に乱れている乱流においては平均流速を V とすると ρV^2 に比例することから，式（3.14）となり，平均流速は式（3.15）で表される．f を摩擦損失係数とよぶ．

$$\tau_0 = \frac{f}{8}\rho V^2 \tag{3.14}$$

$$V=\sqrt{\frac{f}{8}}\sqrt{gRI} \tag{3.15}$$

内径 D の管路の長さを l とすると，摩擦損失水頭 h_f は，$l\cdot I$ であるから，円管（$R=D/4$）において式（3.16）が導かれる．この摩擦損失水頭の式をダ

ルシー・ワイスバッハの式という．

$$h_f = f \cdot \frac{l}{D} \cdot \frac{V^2}{2g} \tag{3.16}$$

この他に，実用的な式としては，式（3.15）を基本に経験的な指数公式が実用化され，設計に用いられている．主に，開水路ではマニング式，管水路ではヘーゼン・ウイリアム公式などが実用化されている．

なお，ここでは流れの中に①～②間の領域を設けて，流れの力の釣り合いを考えた．このような，仮想的な領域を検査体積（control volume）という．この後，これを用いて流れの力の釣り合い，運動量やエネルギーの保存を考えることになる．

3.4 流れの1次元基礎式[6]

3.4.1 連続式（continuity equation）

流体においても質量保存則が成立し，工学的には流量の把握のために水の収支は重要な問題である．開水路や管水路の1次元の流れの場合，流れを1本の流管とみなすことができる．流速を V，断面積を A，水の密度を ρ とする．なお，断面積 A は，距離の関数であり緩やかに変化するものとする．図3.10に示すように，流れの方向に s 軸をとり，流管の長さから微小部分 ds（検査体積）を切り取り，①断面の座標を s とする．単位時間内に①断面から ds 区間に流入する量は，$(\rho AV)dt$，②断面から流出する量はテーラー展開より，$(\rho AV + (\partial \rho AV/\partial s) \cdot ds) \cdot dt$ である．したがって，単位時間にこの区間に貯留される量は，$-\partial \rho AV/\partial s \cdot ds \cdot dt$ である．その結果，ds 区間内の質量 ρAds が単位時間に $Ads \cdot \partial \rho/\partial t \cdot dt$ だけ増加する．質量保存の法則より，この2つの量を等しくおいて整理すると，流管における連続の式（3.17）を導くことができる．

$$A\frac{\partial \rho}{\partial t} ds \cdot dt + \frac{\partial}{\partial s}(\rho AV) ds \cdot dt = 0$$

$$\therefore \frac{\partial \rho}{\partial t} + \frac{1}{A} \cdot \frac{\partial (\rho AV)}{\partial s} = 0 \tag{3.17}$$

密度が一定でかつ，流れが定常流であれば，時間的変化がないことから，

連続式を積分すれば $\rho VA=m$ が得られ，m を質量流量（mass flow rate）という．密度が一定な非圧縮流体では，連続式 $VA=Q$ で表され，Q を単に流量（体積流量：volumetric flow rate）といい，水理学ではこの流量 Q を使用する．流量（flow rate）は，単位時間当たりに流れる流体の体積であり，その単位は m^3/s である．

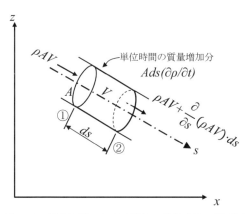

図 3.10　微少流管における流れの連続条件の模式図

開水路の連続式の導入に対して，図 3.11 に示すように同じ考えを適用すれば，次のようになる．流れの方向に x 軸を取り dx の微少区間の①〜②断面の間に，連続条件を考える．①断面からの流入量を $Q=AV$ とする．この時，開水路では自由水面を有することから，水の圧縮性を無視し，密度を一定とし，流量は，体積流量とする．②断面から流出する流量は $\{(Q+\partial Q/\partial x \cdot dx)dt\}$ であり，これらの流量差 $-(\partial Q/\partial x)\cdot dx \cdot dt$ は単位時間内に貯留される量を示す．この量は，単位時間内の水の容積の増加量 $(\partial A/\partial t)\cdot dx \cdot dt$ に等しいから，連続の式（3.18）が導入される．側方からの単位長さ当たりの流入・流出量 (q_l) を考慮すれば，開水路に適用する連続の式（3.19）が得られる．

$$-\frac{\partial Q}{\partial x} \cdot dx \cdot dt = \frac{\partial A}{\partial t} \cdot dx \cdot dt$$

$$\therefore \frac{\partial A}{\partial t} + \frac{\partial Q}{\partial x} = 0 \tag{3.18}$$

$$\frac{\partial A}{\partial t} + \frac{\partial Q}{\partial x} + q_l \cdot dx = 0, \quad (q_l; +: 流出, \ -: 流入) \tag{3.19}$$

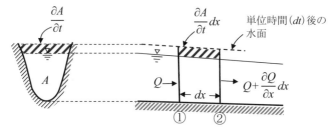

図3.11 連続式の導入のための開水路における流れの模式図

3.4.2 運動方程式（momentum equation）

 1次元非粘性流れ（完全流体）の運動方程式をニュートンの運動の第2法則（$F=ma$）から導入する．図3.12に示すように流管から長さdsの微少部分①〜②断面間を切り取り，①面の座標をs，断面積をAとする．この微少部分に働く流れの方向の力は境界に働く圧力による力の成分と微少部分重さの成分からなり，式（3.20）が成り立つ．ここで，側壁に働く圧力の流れ方向の成分やds，圧力および面積などが関係する高次の微小項は，ここでは無視する．また，図3.12から$\sin\theta_1 \cdot ds = dz$となる．

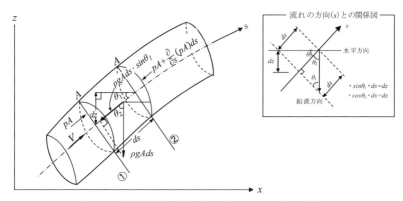

図3.12 微少流管に作用する圧力pによる力と重力

3.4 流れの1次元基礎式

$$pA - \left(pA + \frac{\partial(pA)}{\partial s} \cdot ds\right) - \rho g A \sin\theta_1 \cdot ds$$

$$= -A\frac{\partial p}{\partial s} \cdot ds - \rho g A dz = -Ads\left(\rho g \frac{\partial z}{\partial s} + \frac{\partial p}{\partial s}\right) \tag{3.20}$$

運動方程式から，この力は加速度を dV/dt とすると $\rho A \cdot ds(dV/dt)$ に等しくなる．

一方，dV/dt は流体力学的加速度となり，$V=V(s, t)$ とすれば，テーラー展開より，

$$V + dV = V(s + Vdt, t + dt) = V(s, t) + \frac{\partial V}{\partial t} \cdot dt + \frac{\partial V}{\partial s} \cdot Vdt \tag{3.21}$$

となる．したがって加速度は，先にも考えたように

$$\frac{DV}{Dt} = \frac{\partial V}{\partial t} + V\frac{\partial V}{\partial s}$$

となる．本式の実質微係数 (DV/Dt) の第1項は，非定常項といわれ，流体粒子の局所的時間変化を示し，一方，第2項は移流項といい，流体粒子が移流することによる加速度である．それぞれ，局所加速度（local acceleration），対流加速度（convective acceleration）という．

よって，式（3.22）が導かれる．

$$\rho Ads \frac{DV}{Dt} = \rho Ads\left(\frac{\partial V}{\partial t} + V\frac{\partial V}{\partial s}\right) = -Ads\left(\rho g \frac{\partial z}{\partial s} + \frac{\partial p}{\partial s}\right)$$

$$\therefore \frac{\partial V}{\partial t} + V\frac{\partial V}{\partial s} = -g\frac{\partial z}{\partial s} - \frac{1}{\rho}\frac{\partial p}{\partial s} \tag{3.22}$$

この式（3.22）は，流管を考えた場合の1次元非粘性流れに対する運動方程式で，オイラーの運動方程式（Euler's equation of motion）という．

増分を g で割れば，式（3.23）となる．

$$\frac{1}{g}\frac{\partial V}{\partial t} + \frac{1}{g} \cdot V\frac{\partial V}{\partial s} + \frac{\partial z}{\partial s} + \frac{1}{\rho g}\frac{\partial p}{\partial s} = 0 \tag{3.23}$$

次に，実際の流れでは流体の粘性による摩擦力を考慮しなければならない．図3.12で作用する圧力による力と重力に加えて，①〜②の区間 ds での流れの反対方向に摩擦力を考える必要がある．等流で考えた場合と同様に長さ

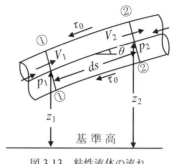

図 3.13 粘性流体の流れ

ds,潤辺 S,単位面積当たりの摩擦力 τ_0(粘性せん断応力)による力 $\tau_0 S ds$ を加えると図 3.13 に示すように,式(3.24)が得られる.

$$-\frac{\partial p}{\partial s} ds A - \rho g A ds \sin\theta - \tau_0 S ds = \rho A ds \left(\frac{\partial V}{\partial t} + V \frac{\partial V}{\partial s}\right) \tag{3.24}$$

従って,式(3.25)の 1 次元粘性流れの運動方程式が得られる.

$$\frac{\partial V}{\partial t} + V \frac{\partial V}{\partial s} = -\frac{1}{\rho} \frac{\partial p}{\partial s} - g \sin\theta - \frac{S}{A} \frac{\tau_0}{\rho} \tag{3.25}$$

また,式(3.25)は,両辺を g で割り,$\sin\theta = dz/ds$,$w=\rho g$,$R=A/S$ を導入すれば,式(3.26)となる.本式は偏微分方程式であり,解析解を得ることはできないため,工学的には,先に説明した連続式と連立させ数値積分により,各時刻の各地点の流速と流量を求める必要がある.ここでは,流管を考えてきたことから式(3.26)は,直接管水路の流れに適用できる.

$$\frac{1}{g} \frac{\partial V}{\partial t} + \frac{\partial}{\partial s}\left(\frac{V^2}{2g} + z + \frac{p}{w}\right) = -\frac{\tau_0}{wR} \tag{3.26}$$

3.4.3 エネルギー保存則

1 次元非粘性流れの運動方程式(3.23)を非圧縮性の定常流($\partial V/\partial t=0$)の流れに適用し,積分して $w=\rho g$ とすると,式(3.27)となる.

$$\frac{d}{ds}\left(\frac{1}{2}V^2\right) + \frac{1}{\rho}\frac{dp}{ds} + g\frac{dz}{ds} = 0 \text{ より},$$

$$\frac{V^2}{2g} + z + \frac{p}{w} = E_t \text{(一定)} \tag{3.27}$$

本式は，エネルギーの保存則式であり，ベルヌイの定理（Bernoulli's theorem）という．

$V^2/2g$ は，自由落下によって，速度 V が得られるような高さであり，p/w は圧力差 p を与えるような液体柱の高さである．これらをそれぞれ速度水頭，圧力水頭（pressure head）という．図 3.14 に管水路と開水路のエネルギーの模式図を示す．

管水路では速度水頭，圧力水頭および基準高から流れの中心までの高度差である位置水頭（potential head）の和（E_t）は，流線に対して一定である．図 3.14 に示す $z+p/w$ を連ねた線を動水勾配線，これに速度水頭を加えた線をエネルギー線という．動水勾配線は管水路の場合，管に取りつけた立上り管内の水面の高さと一致する．一方，開水路においては，圧力を水深に置き換え，ある地点の水路底から示されるエネルギー（$E=h+V^2/2g$）として比エネルギー（specific energy）を用いる場合が多い．

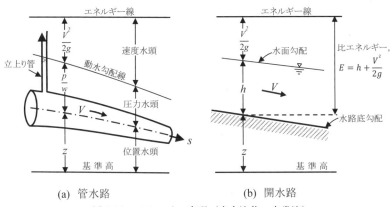

(a) 管水路　　　　　　　(b) 開水路

図 3.14　ベルヌイの定理（完全流体，定常流）

3.4.4　運動量の法則[7]

これまで流れを流体粒子の連続体としてとらえ，その運動による流れの理解を問題にしてきた．この他に，質点系における運動量（mV）の時間的変化とその要因である外部からの力の総和の関係を流れの運動に適用する法則として運動量理論がある．物体の持つ運動量とは，その質量（m）とその速度（V）を掛け合わせたものである．その単位時間の変化は，外部からの力

の総和に等しいとするものが運動量理論である（$d(mV)=F \cdot dt$）．図 3.15 に示すように，定常的な流れ（Q＝一定）のある範囲（検査体積）を設定し，流管の一部 AabB に運動量理論を適用する．単位時間後（Δt）に AB は，A'B' に移動し，単位時間の運動量の変化は，A'B' の部分の運動量から AB 部分の運動量を差し引いたものに等しい．この中で，A'B は，共通であることから AA' の部分の運動量 $\rho Q V_A$ が消え，BB' の運動量 $\rho Q V_B$ が加わると考える．すなわち，運動量の変化として $\rho Q(V_B - V_A)$ が与えられる．このことは，固定した境界面に沿った運動量の変化を考えることになる．この境界面のことを検査面とよぶ．検査面に囲まれた流体部分には，一般に，質量力，壁面の摩擦力などが働く．本理論は，流れの変化が複雑な部分の解析法として有用である．

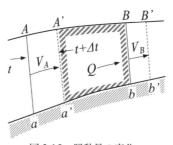

図 3.15　運動量の変化

以上により，時間 Δt の間に AabB 内の流体が A'a'B'b' 内の流体に移動する間に，流体が受ける力の総和 F_t は式（3.28）となる．

$$F_t = \rho Q(V_B - V_A) \tag{3.28}$$

3.5 開水路の水理
3.5.1 限界流および常流と射流 [8]

ここで，自由水面を有する矩形の開水路（長方形断面水路）における水深（水路底を基準にした位置エネルギー）と流速水頭の和で定義される比エネルギー（E）を示す式（3.29）について考えてみる．一般には平均流速と流速水頭の間のエネルギー補正係数が考慮されるが，ここでは簡単のために本係数を無視する．

$$E = h + \frac{V^2}{2g} = h + \frac{Q^2}{2gA^2} = h + \frac{q^2}{2gh^2} \tag{3.29}$$

定常的にある与えられた全体流量（Q）および単位幅流量（$q=Q/b$）が決まった矩形断面の水路（水路幅：b）を流れる場合，水路断面の比エネルギー（E）は水深（h）だけの関数となり，水深（h）との関係を調べると，図3.16に示すようになる．

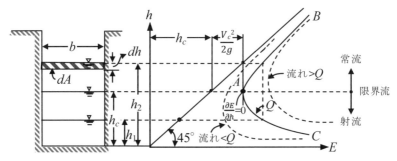

図3.16　比エネルギー曲線（$Q=$一定，幅bの矩形水路）

したがって，$Q=$一定の流れでは，1つの流量に対して2つの水深が存在し，大きい方を常流，小さい方を射流という．この水深の変化は，水路勾配の変化に対応している．比エネルギーの最小値において，両者の水深が一致し，この時の流れを限界流，水深を限界水深 h_c（critical depth）という．この限界水深は，Q が一定の条件で，比エネルギーが最小となる水深である．水路が矩形（$dA/dh=b$）であれば，流量を単位幅流量（q）に置換えた式（3.29）を水深 h で微分して，単位幅の E の極値となる水深を求めることができる．

矩形水路の限界水深 h_c は式（3.30）から求められ，式（3.31）で示される．式（3.30）からは，限界状態の矩形水路の流速 $V_c(=\sqrt{gh_c})$ を求めることができる．なお，複雑な断面（$A(h)$）の場合には，限界水深は式（3.32）によって定義される．

$$\frac{dE}{dh} = 1 - \frac{Q^2}{gA^3} \cdot \frac{dA}{dh} = 1 - \frac{q^2}{gh_c^3} = 0 \tag{3.30}$$

$$h_c = \left(\frac{Q^2}{gb^2}\right)^{1/3} = \left(\frac{q^2}{g}\right)^{1/3}, \quad \text{あるいは，} \quad V = \sqrt{gh_c} \tag{3.31}$$

$$\frac{\partial E}{\partial h} = 1 - \frac{1}{A^3} \cdot \frac{Q^2}{g} \frac{\partial A}{\partial h} = 0 \tag{3.32}$$

また，開水路流れにおいて，水面の微少な変動は，長波の伝播速度 c で伝わり，流れの流速が c より大きいときは，水面の変化は，上流に伝わることができなくなる．これに対して，流速が c より小さい時は，水面変化が上流に伝わり，流れは，下流の影響を受けることになる．長波の伝播速度は，水深に比例し $c = \sqrt{gh}$ である．この伝播速度は式（3.31）から導かれる限界流速に等しい．この波の伝播速度と流速の比をフルード数 F_r ($F_r = V/\sqrt{gh}$) といい，慣性力（ma）と重力（mg）の比である．フルード数が1未満の流れを常流といい，1より大きい流れを射流という．また，フルード数が1の場合の流れは先に述べた限界状態の流れである．水路の縦断方向に水深が変化する不等流では，常流から限界流をへて射流に変化する流れが重要である．この限界流が発生する地点の水路断面を支配断面とよび，水路設計において，重要な地点である．

図3.16に示すように，常流域では比エネルギーに占める流速水頭の比率が小さく大部分のエネルギーが水深で占められる．したがって，常流域における水理設計の本質はその水深を解析することである．一方，射流域では流速水頭の占める割合が増加し，水深が小さくなることから水理設計の際には経済的な水理断面になると考えやすい．しかし，水路の湾曲部や屈折部などの変化部では，流速水頭が水深などに変換され急激な水位変動を起こし，局所的な溢水現象を引き起こすことがあることから水路の安全設計に留意する必要がある[9]．

3.5.2 等流の摩擦抵抗と平均流速

水路設計における水路断面の決定では，定常的に設計流量が流れることを前提に，流れを粘性流体と考え，水路壁との摩擦抵抗などの流れのエネルギー損失を考慮する必要がある．ここでは，流れが定常状態の等流における摩擦抵抗と平均流速について考える．すでに，3.3.4において，開水路および管水路の平均流速が式（3.15）で表すことができることを確認した．

水理学において，式（3.15）の指数公式を基本形とする各種の実験公式が提案されている．この中で，緩勾配の開水路の設計において，最も適用され

ている公式は，式（3.33）に示すマニング式（Manning）である．本式には，水路壁面に対する抵抗係数として，マニングの粗度係数（n）が用いられている．矩形水路の流量は，式（3.34）で示される．等流水深は水路の最深部から等流の自由水面までの距離として定義される．図3.17に示したh_0が等流水深であり，Δh_0が①～②区間の摩擦損失水頭である．緩勾配により，水路の区間長（L）は，斜距離（l）に等しいと仮定して，水路底勾配Iを算定している（$\tan\theta \approx \sin\theta$）．

$$V = \frac{1}{n} R^{2/3} I^{1/2}, \quad \left(R = \frac{A}{S}, \ I = \tan\theta = \Delta h_0 / L \ [\approx l] \right) \tag{3.33}$$

$$Q = b \cdot h_0 \cdot V \tag{3.34}$$

$A=bh$，$S=b+2h$の矩形水路において，断面積Aが一定の条件で最有利断面は，Rが最大すなわち，Sが最小の断面の場合である．$S=A/h+2h$の式から極値を求めると，$dS/dh = -A/h^2 + 2 = 0$となり，$A/h^2 = 2$の断面条件，すなわち，水深が水路幅の1/2（$h = 1/2 \cdot b$）の場合に最有利断面（most efficient hydraulic section）となる．

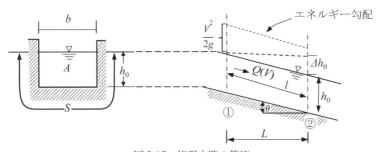

図3.17　矩形水路の等流

なお，等流は，水路延長の長い区間に発生するものであり，図3.18に示すように貯水池の下流部や落差部の上流部の近傍では，流れの断面や流速が場所的に変化する不等流の流れとなる．この流れが変化する区間では，不等流の計算を行う必要があり，その基礎式は，式（3.26）において，$\partial V/\partial t = 0$とした不等流の式となる（ただし，$p/w$を$h$に置換える）．本式では，一定流量に対して，支配断面などの境界水位を起点にして，水面形の変化を調べることになる．

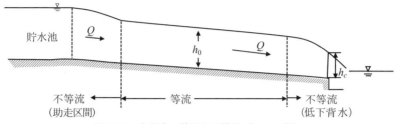

図 3.18 水路内の等流と不等流（Q = 一定）

また，水面形の変化により，流量が変化する場合には，上下流の水位境界から，流下流量を求めることになり，不定流解析による上下流水位境界での計算から求めることができる．上流水深が一定の条件下で下流の水位境界の変化による流量の変化の概念図を図 3.19 に示す[10]．短い区間の水路では，上下流の水位条件によって流下流量も変化し，水路に勾配があっても，上下流の水位が等しければ，流量は，Q=0 となり，送水が停止する．各地点の水深が等しくなる等流状態では，これに対応して Q_n なる流量が流下する．下流端の水深（h_d）が限界水深（h_c）以下になれば，下流端の直上流で支配断面があらわれ，限界水深および限界流速に対応した水理条件まで，流量が増加する．また，簡便的にエネルギー勾配により流速と流量をマニング式で計算することも可能である．

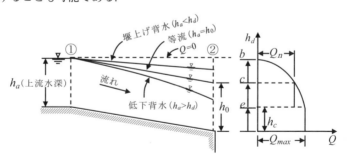

図 3.19 等流と不等流の概念図[10]（上流水深一定）

3.5.3 ゲートおよび堰地点の流れ[11, 12]

水路システムには，調整施設や管理施設として，多くのゲートや堰が設置される．アンダーフロー式のスライド（スルース）ゲートや越流式の堰の下流では，多様な流れが発生する．たとえばゲートの場合，下流の水位条件が

低位であれば一般に水路では，ゲート上流側は常流であり，ゲート直下流において，流れが縮流されることにより射流が発生し，その後，跳水（図3.23）を経て常流に遷移する流れとなる．このゲートの流れは，定常状態下において，ベルヌイの定理により流量解析することが一般に行われている．流れの解析では，水槽の側面に設けた小穴から圧力が開放された水が大気中に自由流出する小オリフィス（orifice）流れを適用する．接近流速を考慮する必要のないオリフィスから流出する流れの速度（V）は，ベルヌイの定理より $V=\sqrt{2gH}$ で示される．スライドゲートの流量公式は，図3.20に示す大型の開口部が矩形のオリフィスからの流量を積分して求める式から理論的に導かれる．

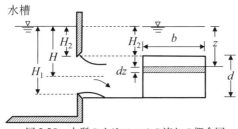

図3.20 大型のオリフィスの流れの概念図

全体の流出量は深さzにおける幅bの小オリフィスである微少面積（$b \cdot dz$）からの部分流出量を水深H_1~H_2の間で積分した式（3.35）から求めることができる．

$Q = C_0\sqrt{2g}\int_{H_2}^{H_1} b\sqrt{z}\, dz$ より，

$$Q = \frac{2}{3} C_1 \sqrt{2g}\, b (H_1^{3/2} - H_2^{3/2}) \tag{3.35}$$

同じく堰の場合は，$H_2=0$，$H_1=H$とおけば式（3.36）を得る．

$$Q = \frac{2}{3} C_1 \sqrt{2g}\, b \cdot H^{3/2}$$
$$= KbH^{3/2} \tag{3.36}$$

ここで，C_0，C_1，Kは流量係数で，水深（H）および堰やゲートの構造に応じて各種の実験公式や水理実験によって求められる．なお，ここでの式の

導入においては流量係数を水深に対して一定としている.

スライドゲートの場合は,実用性を考慮して小オリフィスの流れを準用し,上流水深 H_1 とその他の影響を 1 つの流量係数で表記する式(3.37)を用いることが多い.

そして,実際にはエネルギー損失が生じ,また,流れが収縮することから,流量係数の中にゲートの流速係数や断面収縮係数を用いた流量公式が適用される.図 3.21 には,ゲートおよび堰の流れの縦断模式図を示す.

$$Q = C_a \cdot C_v \cdot b \cdot d\sqrt{2gH_1} = C_1 \cdot b \cdot d\sqrt{2gH_1} \tag{3.37}$$

ここで,C_1:流量係数,C_a:断面収縮係数(≈ 0.61),C_v:流速係数($\approx 0.95 \sim 0.99$),b:ゲート幅,d:ゲート開度,H_1:ゲート上流の水深,H_w:堰高

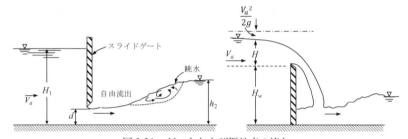

図 3.21　ゲートおよび堰地点の流れ

ゲートの流出では,自由流出の他に,下流水位が高くなり,もぐり流出になる場合があり,ゲート上下流の水位の関係で流下量が決まる.しかし,式が複雑となるため,流量公式は,自由流出と同様な式(3.37)を使い,流量係数を区別する.もぐり流出時の流量係数 C_1 は,上下流水深(H_1, h_2)およびゲート開度(d)で与えられる.この流量係数の値の例を図 3.22 に示す.本図で示すように C_1 は,流出状況により大きく変化することがわかる.

スライドゲートの自由流出では,ゲート下流で射流が発生し,下流の水深が高い場合には,その直下流で常流に遷移する.この不連続な流れの遷移を跳水現象(hydraulic jump)という.この跳水現象は,水路底が水平で,水路壁面との摩擦を無視し,上下流の水位差だけを外力して運動量の法則で解析される.

図 3.23 に示す流れが定常,かつ非粘性流れで,同一水平面上の流れであ

3.5 開水路の水理

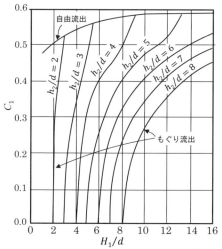

図 3.22 スライドゲートの流量係数 [12]

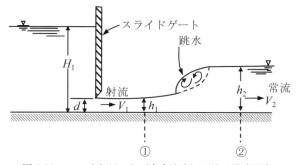

図 3.23 スライドゲート（自由流出）下流の跳水現象

るとし，重力などの質量力が作用しないとする．図 3.23 に示す上下流の検査面（①，②）では，流体による圧力による力が作用する．矩形水路の単位幅当たりの流量を q として，この時の運動量の変化式は，式（3.38）となる．

$$\rho q(V_2 - V_1) = \rho q \left(\frac{h_1^2}{2} - \frac{h_2^2}{2} \right) \tag{3.38}$$

次に，堰およびゲートによる取水や分水の制御特性について考えてみる．水路システム内における用水の取水や分水には，この流量を調整するために堰およびゲートが用いられる．その流量はゲートの開度により調整されるが，

この流量は上流の水位変化（ΔH_1, ΔH）に応じて変動する．取水，分水では計画された分配水量を設定する必要があり，上流の水位変化に対しても，この取水量や分水量が大きく変化しないことが管理上望ましい．

ここでは，堰およびゲートの上流水位の変化による流量変化の応答性を考えてみる．式（3.36）および式（3.37）において，開度，流量係数は一定と仮定して上流水位（深）H と H_1 の変化に対する流量の変化量について両式を上流水深で微分して求めると，式（3.39）と式（3.40）となる．

堰の流量変化式

$$\frac{dQ}{Q} = \frac{3}{2} \cdot \frac{dH}{H} \tag{3.39}$$

ゲートの流量変化式

$$\frac{dQ}{Q} = \frac{1}{2} \cdot \frac{dH_1}{H_1} \tag{3.40}$$

両式を比較すると上流水位の同じ変化量に対して，堰とゲートでは，流量の変化率には3倍の差があり，堰では上流の水深の変化に対して，流量変化が大きく，これに比較してゲートでは上流の水深の変化に対する流量変化の割合が小さい．さらに，流量公式の中の上流水深の基準も堰では，堰頂からの越流水深になるのに対し，ゲートでは，水路底からの水深になることから流量変化式の右辺の分母の水深も堰の場合が小さく，同じ水位変化においても堰の場合が大きな流量変化になることがわかる．ある計画された一定流量を取水や分水する管理には，上流水深に対し流量変化が小さいゲート型式が望ましいことがわかる．一方，水路から洪水時に余分な用排水を排除する場合では，水位の上昇に応じて，流量が大きく増加する堰式が望ましいことが分かる．このように，水路システム内の水理構造物に求められる機能・性能に基づいて堰およびゲートを選択する必要がある．

3.5.4 開水路の1次元基礎式[13]

これまでに，流れの連続式，運動方程式，エネルギー保存式などの保存則を考えてきたが，ここでは，開水路の問題を検討する場合の基礎方程式について説明する．水路の流れでは，各地点の流速または流量と水深または圧力の2つの水理量を調べる必要がある．開水路で適用される基礎方程式では，

3.5 開水路の水理

サン・ベナン（1797-1886）がはじめて運動量理論から導入した式があり[14]，St.Venant Equations といわれ，連続式と運動方程式から構成される．本式は，以下の仮定の下で導入されている[13]．

①水深や流速の変化が緩やかで，鉛直方向の加速度を無視し，圧力は静水圧分布にしたがう．

②水路底勾配（i）は小さい．水路底と直角方向および鉛直方向からの両者の水深は等しい．すなわち，$\cos\theta \approx 1$，$i = \sin\theta \approx \tan\theta$ と仮定できる開水路を対象とする．

③水路断面と水路底勾配は，距離に対して変化しない．

④流速は，水路断面内で均一である．

⑤不定流における摩擦損失は，マニング式などの等流状態の抵抗則に準拠する．

連続式については，3.4.1 で導入した横からの流入・流出を考慮した式（3.41=3.19）を適用する．

$$\frac{\partial A}{\partial t} + \frac{\partial Q}{\partial x} + q_l \cdot dx = 0 \tag{3.41}$$

側方からの流入・流出がない水路幅が一様な矩形水路（$dA/dh=b$）では，式（3.42）となる．

$$\frac{\partial h}{\partial t} + \frac{\partial (hV)}{\partial x} = 0 \tag{3.42}$$

次に，運動方程式の導入については，これまで流体粒子に着目してきたが，開水路では，ある自由水面を有することから，水の大きな塊としての連続体として一般に考える．この場合の運動を示す方程式について流れをマクロ的に解析する運動量理論を適用することになる[15]．図 3.24 の dx の検査体積を考える．単位時間当たりの運動量の増加は，検査面内の連続体（水柱）の持つ運動量 $\rho VA dx$ の時間的増加量 $\partial \rho VA/\partial t \cdot dx$ と，運動量の出入による増加分 $\partial(\rho QV)/\partial x \cdot dx$ との和に等しい．検査面の連続体の x 方向に働く力は，各検査面の静水圧，重力および摩擦力である．断面は，理解を容易にするために矩形断面とする．摩擦力は，壁面におけるせん断応力を τ_0，潤辺を S とすると x 方向の逆方向に $-\tau_0 S dx$ となる．連続体の重さの x 方向の成分は

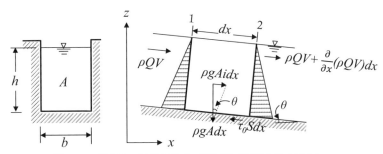

図 3.24 開水路の運動方程式の概念図（矩形水路の場合）

$\rho gAidx$（$i=\tan\theta \approx \sin\theta$）となる．また，圧力差は$-\rho gA \cdot \partial h/\partial x \cdot dx$（矩形断面に働く水圧は$1/2\rho gh^2 \cdot b$）である．したがって，単位時間当たりの運動量の増加が検査体積に働く力と等しいとおくと式（3.43）が得られる．

$$\frac{\partial(AV)}{\partial t} + \frac{\partial(QV)}{\partial x} = -\frac{\tau_0}{\rho}S + gAi - gA\frac{\partial h}{\partial x} \quad (3.43)$$

左辺を側方からの流入流出がない場合の連続式を用いて整理し，両辺をgAで除すと，開水路の運動方程式は式（3.44）となる．

$$\frac{1}{g}\frac{\partial V}{\partial t} + \frac{\partial}{\partial x}\left(\frac{V^2}{2g}+h\right) = i - \frac{\tau_0 S}{\rho gA} \quad (3.44)$$

　　　非定常勾配　　　比エネルギー勾配　　底勾配　　摩擦勾配

式（3.44）の右辺の第2項は$\tau_0=\rho gRI$（Iは水面勾配）からIとなり，等流状況での摩擦勾配（s_f）となる．したがって，$I(=s_f)\cdot dx$は検査面間の摩擦損失水頭となる．式中の摩擦勾配は，不定流の方程式であるが，等流のマニング式やシェジー式（$V=C\sqrt{RI}$）によって算定できる．

式（3.44）を$i=\partial z/\partial x$（z：水路底の基準面からの高さ）とおき，マニング式（$I(=s_f)=n^2 \cdot V^2/R^{4/3}$）で示せば式（3.45）となる．

$$\frac{1}{g}\frac{\partial V}{\partial t} + \frac{\partial}{\partial x}\left(\frac{V^2}{2g}+h\right) = \frac{\partial z}{\partial x} - \frac{n^2 \cdot V^2}{R^{4/3}} \quad (3.45)$$

なお，摩擦項の中の流速Vはこの連続体の水深を平均して等流として仮定して求めることになる．

式（3.45）をs_f（I）で示せば，式（3.46）となる．式（3.46）から定常流

で場所的に流れの変化がなければ，エネルギー損失は水路底勾配に一致し，等流状態になることがわかる．

$$s_f(I) = \frac{\partial z}{\partial x} \left| -\frac{\partial}{\partial x}\left(\frac{V^2}{2g}+h\right) \right| -\frac{1}{g}\frac{\partial V}{\partial t} \quad (3.46)$$

定流，等流 ⎯⎯→

定流，不等流 ⎯⎯⎯⎯⎯→

不定流 ⎯⎯⎯⎯⎯⎯⎯⎯⎯→

以上で説明した開水路の連続式と運動方程式は，水深と流速を時間 t と地点 x の関数として規定する支配方程式である．両式は非線形の方程式であることから，解析的に解くことは容易ではない．一般的には，数値解法により連立に解き，各時間，各地点ごとの水深と流速をある初期条件と境界条件で解くことになる．

3.6 管水路の水理

3.6.1 エネルギー損失

開水路と同様に，等流（等速）状態の管水路についても指数公式が開発されている．その中でヘーゼン・ウィリアムス公式（Hazen-Williams）がよく使われており，上水道や農業用管水路では，本公式の使用を原則にしている．本式は，実際の水道管に対する実験を基礎として作成されたもので，その後の実測資料も多く，送配水管の計算には最も広く用いられている．抵抗係数としては，使用する既製管ごとにヘーゼン・ウィリアムス公式の流速係数（C）が定められている．

ヘーゼン・ウィリアムス公式を式（3.47）に示す．

$$V = 0.849 \ CR^{0.63} I^{0.54} \quad (3.47)$$

V：平均流速（m/s），C：流速係数，R：径深（m），I：動水勾配

式（3.47）をもとに，円形管について次の各式が誘導される．

$$V = 0.355 C \ D^{0.63} I^{0.54} \cdots R = D/4 \quad (3.47a)$$

$$Q = 0.279 C \ D^{2.63} I^{0.54} \cdots \left(AV = \frac{D^2}{4}\pi V\right) \quad (3.47b)$$

$$D = 1.626 C^{-0.38} Q^{0.38} I^{-0.21} \quad (3.47c)$$

$$I = h_f/L = 10.67 C^{-1.85} D^{-4.87} Q^{1.85}$$
…（摩擦損失水頭を求める式への変形）（3.47d）

ここで，D：管路の口径（m），h_f：摩擦損失水頭（m），Q：流量（m³/s），L：管路長（m）である．図 3.25 で示す管水路の摩擦損失水頭は式（3.47d）で任意の間で求めることができる．

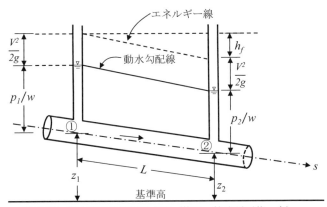

図 3.25　管水路の摩擦損失水頭（等流，管路断面積一定）

3.6.2　バルブを含む管水路 [16]

　管水路においては，流量あるいは圧力を調整するために，バルブ（弁）の操作が行われる．管水路の途中に設けられたバルブ類の操作により流れが絞られると速度が上昇し，ベルヌイの定理により圧力が低下して，場合によっては，次に説明するキャビテーションが生じる．バルブの開度が減少するとバルブの上流では圧力が若干上昇し，下流では圧力低下の部分が生じる．低下した圧力の値が，その時の水の飽和蒸気圧力（25℃において水頭で 0.33m）付近になると流体中に気泡が現れはじめ，この気泡が大きくなると空洞となる．この空洞は下流で圧力低下が回復するとやがて崩壊していく．このような現象をキャビテーション（cavitation）または空洞現象という．キャビテーションが発生すると衝撃音や振動の発生，機械面の壊食を生じ，長い期間では機器の損傷，耐用年数の低下に結びつくので，キャビテーションの発生は極力避ける必要がある．したがって，バルブ類を用いて圧力調整を意図する

3.6 管水路の水理

場合には，計画・設計段階で予想される流況の範囲でキャビテーション発生の有無や対策を講じておく必要がある．

一般にキャビテーション発生の有無を表わす指標として，式（3.48）に示すキャビテーション係数（σ）が用いられる．

$$\sigma = \frac{H_a + H_d - H_V}{H_u - H_d + \frac{V^2}{2g}} \tag{3.48}$$

ここで，
H_a：大気圧（常温の水頭にして H_a=10.33m）
H_u：バルブの上流（一次）側圧力水頭
H_d：バルブの下流（二次）側圧力水頭
H_V：水のその温度における飽和蒸気圧（常温（25℃）水頭にて H_V=0.33m）
V：バルブ入口における流速（m/s）
g：重力の加速度（m/s^2）

式（3.48）で管内流速はキャビテーション係数に与える影響が少ないことから $V^2/2g$ 項を省略し，常温の各定数を代入した式（3.49）が一般に用いられる．

$$\sigma = \frac{10 + H_d}{H_u - H_d} \tag{3.49}$$

式（3.48）または式（3.49）により求められたキャビテーション係数の値に対して，実際に設置されたバルブ類の形状などから定まる固有のキャビテーション係数（σ_l）がある．この σ_l は，実験的または経験的に求められており，固有のキャビテーション係数より，求めたキャビテーション係数が大きければキャビテーションの発生は心配なく，その値以下では発生すると判断する．発生が予想される場合はバルブの選定を変更するなど，各種のキャビテーション対策を講ずる必要がある．

管水路に使用するバルブは，放流用，遮断用，制御用，その他（安全弁，逆止弁，空気弁など）に分類される．これらのバルブは，配管方式，送水方式，水利用方式などの条件に合った特性のものを計画・設計し，水撃圧の発

生に留意するなど適切に操作され，良好に維持管理する必要がある．

ここで解説する制御用バルブは，使用目的により，流量制御用，圧力制御用，水位制御用に大別され，管水路の入口，中間部または末端に設け，開度を調節することによって管内の流量・圧力および水槽などの水位を所定の範囲内に保持しようとするものである．したがって，開閉操作が容易で安定して使用できる開度の範囲が広く，かつ開度に対してできるだけ直線比例的な流量特性をもった機種選定が必要である．バルブの水理特性は，バルブの損失係数，流水形状，キャビテーションおよび水撃作用に影響する．

バルブにより局所的に発生する流れのはく離や渦によるエネルギー損失水頭 Δh (m) は，式 (3.50) によって求める．

$$\Delta h = f_V \cdot \frac{V^2}{2g} \tag{3.50}$$

ここで，

Δh：バルブの損失水頭 (m) ($= h_1 - h_2$)

h_1, h_2：上下流送水管のエネルギー位 (m)

f_V：バルブの損失係数（バルブ形式，口径および開度によって変化し，その値はバルブごとの実験により求められる．）

V：バルブ入口の流速 (m/s)

g：重力の加速度 (m/s^2)

式 (3.50) は，バルブ口径と送水管口径が同一の場合に成立し，異なる場

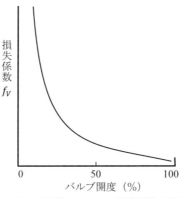

図 3.26　バルブ開度とバルブの損失係数の関係の概念図

3.6 管水路の水理

合には連続の条件式を入れて修正する必要がある．

f_V 値は，バルブ形式およびその開度などにより変化する損失係数で図3.26 はその関係の概念を示す．

バルブの形式や制御範囲を求める場合には，図3.27 に示すように，バルブが取付けられる管水路の水理縦断の状況を調べ管路の摩擦損失水頭との関係を確認する必要がある．また，管水路の制御特性はバルブの各開度の流量に対するバルブ全開時の最大流量（Q_{max}）の比で表され，この関係は式（3.51）で示される．また，管路の摩擦損失水頭は，$H_f = C_p \cdot V^2/2g$ で示される．

$$\frac{Q}{Q_{max}} = \frac{\frac{\pi}{4} \cdot D^2 \cdot 60 \sqrt{\frac{2g \cdot H_0}{f_V + C_P}}}{\frac{\pi}{4} \cdot D^2 \cdot 60 \sqrt{\frac{2g \cdot H_0}{f_{Vmin} + C_P}}} = \sqrt{\frac{f_{Vmin} + C_P}{f_V + C_P}} \tag{3.51}$$

ここで，

Q：その開度における流量（m³/min）

Q_{max}：バルブ全開時の最大流量（m³/min）

H_0：全損失水頭

D：管路（バルブ）の口径

f_{Vmin}：バルブ全開時の損失係数

C_p：管路の全体摩擦損失係数（ダルシー・ワイスバッハ公式では，$C_p = f \cdot (l_1 + l_2)/D$ である．ただし，f は管路の摩擦損失係数，l_1，l_2 は管路の

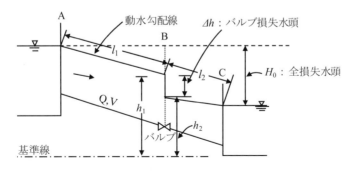

$H_0 - \Delta h$：管路摩擦損失水頭（H_l）

図3.27 バルブを含む管水路の水理縦断図

延長である）

また，バルブにより流量や圧力を制御する場合は，開度によりバルブ内を流れる流水形状が変化する．図 3.28 はその一例である．

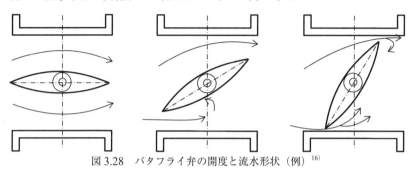

図 3.28 バタフライ弁の開度と流水形状（例）[16]

バルブの開度が小さくなり，弁体後方の流水形状が変わって偏流が大きくなれば，弁体の支持構造が弱いと振動などが起こり易い．特に仕切弁は，支持構造が片側支持となるので弁体の振動を起こし易い．したがって，バルブの選定に当たっては，使用されるバルブの開度の範囲から弁体の支持構造や使用期間などを考慮する必要がある．

3.6.3 ポンプを含む管水路

(1) ポンプの水理

ポンプにより用水を揚水および加圧する場合などポンプを含む管水路において，ポンプによって加えられるエネルギーを H_p，ある定められた区間での摩擦および局所損失により失われるエネルギーを H_l とすると，図 3.29 に示す①と②の点におけるエネルギー保存の原理は，式（3.52）のように表わされる．

$$\left(\frac{V_1^2}{2g} + \frac{p_1}{w} + z_1\right) + H_p - H_l = \frac{V_2^2}{2g} + \frac{p_2}{w} + z_2 \tag{3.52}$$

ポンプは，入口と出口に至る 1 つの経路を形成し，その内部には，水と接する羽根車が取り付けられ，その回転運動により，水が高位部へ押し出されるメカニズムになっている．羽根車の回転は，一般に電動機（モーター）から得られる．したがって，ポンプを通過する前後では，流れのエネルギー

3.6 管水路の水理

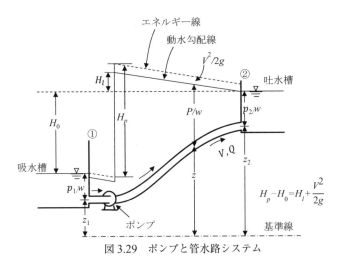

図 3.29 ポンプと管水路システム

勾配線および動水勾配線は不連続的に上昇する．ポンプが用水を取水，揚水する吸水槽の水面から，ポンプが用水を揚げる吐水槽の水面までの高さを実揚程（H_0）といい，管水路途中の管水路のエネルギー損失（H_l）および速度水頭（$V^2/2g$）を考えて，これを実揚程に加えたものが全揚程（H_p）であり，ポンプによって加えられるエネルギーに相当する．

全揚程（H_p）＝実揚程（H_0）＋管水路の損失水頭（H_l）＋速度水頭（$V^2/2g$）

1秒間に用水 $\rho g Q$（N）を H（m）の高さに上げる仕事率は，$\rho g Q H$（N・m/s）である．したがって，流量 Q（m³/s）の用水を全揚程 H_p（m）の高さに上げるポンプの理論水力 P_w は式（3.53）で示される．

$$P_w = \rho g Q H_p \text{（N・m/s=J/s=}W\text{）} \tag{3.53}$$

実際のポンプの運転ではポンプ内の流体摩擦，軸受けの摩擦などによるエネルギー損失が生じるため，理論水力より大きな水力が必要となる．

この実際に必要な動力を軸動力 P という．両者の比（式（3.54））がポンプ効率 η（％）である．

$$\eta = 100(P_w/P) \tag{3.54}$$

ポンプ効率は，ポンプの形式，吐出量で異なるがおよそ 60～80％である．

(2) ポンプの性能曲線

ポンプの性能を表すため，吐出量に対し，最高効率点を基準として，全揚

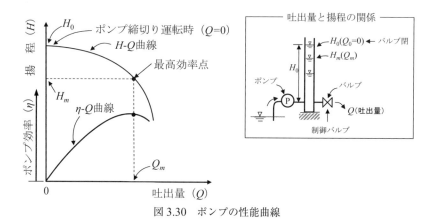

図3.30 ポンプの性能曲線

程などの変化の試験結果を図3.30のように示す．これをポンプの性能曲線（performance curve）という．ポンプは，一定の用水量を各種損失水頭や実揚程に打ち勝って供給先に送水する．

つぎに，ポンプと管水路から構成される図3.29のシステムの性能曲線は，図3.31のように示される．実揚程（H_0）は，一定であるが管水路の損失水頭と速度水頭は，流量により変化する．

ポンプは，管水路システム抵抗曲線とその性能曲線との交点で運転を続ける．この運転点を変えるには，ポンプ吐出しバルブの調節，回転数制御などによる．ポンプの性能は，ある一定値の流量境界を示すものではなく，組み

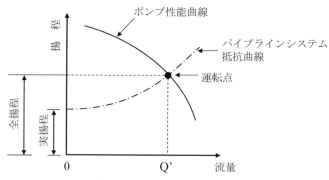

図3.31 管水路システムにおけるポンプの運転点

込まれる管水路の中でこれらの抵抗特性の影響を受け性能が変化する特性を有している．

3.6.4 水撃作用 [17, 18]

パイプラインの非定常な水理現象の中で，管路の安全面において特に重要な現象は水撃作用である．その技術的課題は，水撃作用の発生の予見，水撃圧の最大値の推定およびこの値を安全に限度内に低減させることなどの方法を知ることである．水撃作用は，管路中のバルブなどを短時間に操作し管路内の流れの速度変化（運動量変化）が水圧に変換され，この圧力がパイプラインシステム内に伝播・反射する圧力振動現象である．

図3.32に示すように流速Vで定常的に水が流れている水槽と断面積が一定の水平単一管路から構成されるパイプラインにおいて，管路末端に設置されたバルブを操作して流速をΔVだけ急激に減少させると管路内にΔh（m）の圧力（水頭）変化が生じ水が圧縮される．この圧力を水撃圧という．この水撃圧は空気中の音波のように一定の伝播速度で管路内を伝わる．この現象を水撃作用（water hammer）という．圧力波の伝播速度a_cは管の材質などにより異なるが，約1,000m/s程度である．バルブを瞬時に操作して瞬間的な管路内の速度変化ΔVによって発生する水撃作用による圧力上昇は，Δt後にはバルブから$a_c \cdot \Delta t$の地点まで到達する．この部分に管路の断面積をAとして運動方程式を適用すれば，式（3.55）が得られる．なお，この時点では，圧力波の前進面から上流の流速はV，その下流の流速は$V - \Delta V$である．

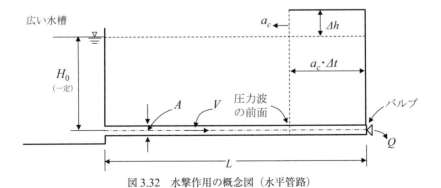

図3.32　水撃作用の概念図（水平管路）

$(\rho A a_c \Delta t)\Delta V/\Delta t = Aw\Delta h$ より，$\Delta h = \dfrac{a_c}{g}\Delta V$ (3.55)

次に，理解を容易にするために，バルブを瞬時に全閉した場合について水撃作用の過渡現象をさらに詳細に説明する．管路の摩擦損失などを無視し，同じく圧力波の伝播速度を a_c，管路長を L とすると，表3.3に示すようにバルブの直上流で水の速度変化と圧縮により発生した水撃圧は，その後，上流の水槽に向かって伝播し時間 $t=L/a_c$ 後に水槽地点に到達する．この時の管路内全体の流速は $V=0$ となり管路全体の圧力は Δh だけ上昇する．管路内の圧力は水槽より Δh 高いため水が水槽へ逆流する．水槽地点で自由水面の影響を受け管路内の圧力が $H_0+\Delta h$ から H_0（m）に低下し，この圧力低下（$-\Delta h$）の圧力波が反射して管路末端へ向かう．そして，バルブが急に閉塞されてから $t=2L/a_c$ 後に管路内の圧力は H_0 となる．この時に管路内の水は上流に向かって流れる（逆流）が，バルブは閉塞されているために水が上流に引かれ Δh の圧力低下が生じ，これが a_c の速度で上流へ伝わる．バルブが閉塞されてから $t=3L/a_c$ なる時間を経過すると管路内は一様に $-\Delta h$ の圧力低下を生じる．管路入口では圧力は，H_0 で一定であることから水槽から管

表3.3 水撃作用における圧力波の管路内の縦断的時間変化 [17]

時間	圧力の縦断的状態
$t < L/a_c$	管入口 H_0 ／ a_c ／ Δh ／ バルブ地点
$t = L/a_c$	水槽水面／ $V=0$ ／ Δh
$L/a_c < t < 2L/a_c$	逆流／ $a_c \to$ ／ Δh
$t = 2L/a_c$	H_0（初期圧力）
$2L/a_c < t < 3L/a_c$	$a_c \leftarrow$ ／ $-\Delta h$
$t = 3L/a_c$	$-\Delta h$
$3L/a_c < t < 4L/a_c$	流入／ $a \to$ ／ $-\Delta h$ ／ L
$t = 4L/a$	H_0（初期圧力）

路内へ水が流入して圧力が上昇する．この圧力上昇が下流に伝わり，バルブに達すると最初の状態にもどる．このような圧力波の往復運動が管内で発生する．なお，実際には管路の摩擦により圧力波は次第に減衰して最終的には圧力 H_0 で静止する．

管路末端のバルブ操作により圧力波が管路内を往復する時間（$t=2L/a_c$）とバルブの操作時間 T_v との関係から $T_v \leq 2L/a_c$ を急閉塞，$T_v > 2L/a_c$ を緩閉塞という．急閉塞の場合，最初の圧力波が戻ってきた時には，すでにバルブは閉塞されていることから圧力波の全部が反射して高い圧力を生じる．これまで見てきたように，水撃圧の発生する値は，流速とバルブの閉塞時間などが影響する．

水撃圧を解析するためには，その基本式を解く必要がある．数値解析やコンピュータ技術が発展する以前には，摩擦損失水頭および流速水頭を無視し，流速と圧力水頭の波動方程式に基本式を帰着させ図解法などを適用して解法していた．しかし，近年では技術の進歩により，連続式と運動方程式の非定常解析により，より詳細に，かつ複雑な管路構造についても水撃圧の場所的，時間的な変化を推定することが可能となっている．この場合，水の圧縮性や管材の弾性を考慮する弾性理論を適用しなければならない．水平管路の水撃圧の基本式としては，運動方程式および連続式として式（3.56）と式（3.57）などが示されている[19]．

$$\frac{1}{g}\frac{\partial V}{\partial t} + \frac{1}{g}\frac{\partial}{\partial x}\left(\frac{V^2}{2}\right) + \frac{\partial h}{\partial x} + \frac{f}{2Dg}V|V| = 0 \tag{3.56}$$

$$\frac{\partial h}{\partial t} + \frac{a_c^2}{g}\frac{\partial V}{\partial x} + V\frac{\partial h}{\partial x} = 0 \tag{3.57}$$

ここで，V：平均流速，h：圧力水頭＋位置水頭，f：摩擦損失係数，D：管径，a_c：水撃圧の伝播速度である．

3.6.5 空気混入流

農業用の送水用管水路系では，オープンタイプパイプラインおよび管水路と開水路が複合した水路形式などが数多く見受けられ，初期充水もしくは通水量の変化などにより，管路流入部において空気が管路内に混入し，管路内に空気が滞留する場合がある．

一般に管路内に空気が混入すると，脈動，通水能力の低下，有害振動，騒音および水撃圧などの障害が知られている．

ここでは，これまでに水理実験により明らかにされた空気混入流の水理挙動について説明する．なお，ここでの説明は管路の口径が 100mm ～ 200mm 程度のスケールでの現象であり，これらの知見を大口径に適用する場合にはスケール効果に注意する必要がある．

図 3.33 に示すように管路内に空気が混入される要因を具体的に整理すると次の事項が考えられる[20]．

① 初期充水時に排除しきれない空気が管路内に滞留する．
② 管路流入部（呑口）上流側での落下水脈による空気の混入．
③ 跳水現象による空気の混入．
④ 管路呑口部でのシール（seal）の不足による空気の混入．

①では，静水時には，空気は浮力により管路の頂部に集積し，空気弁により排気されるが，静水時から流水時に移行するにつれて，空気は水に押し出され管路頂部以外の場所で滞留する場合がある．

②および③については，激しい水の運動および乱れにより，水の中に大気圧により低い圧力（負圧）が発生し，これによって大気中から空気を吸い込

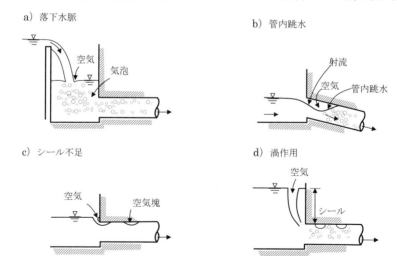

図 3.33　管路呑口部における空気混入形態

むことにより生ずるものである．一般に 2mm 〜 5mm 程度の気泡が流入する形態を呈するが，管路内へ流下するにつれて，相互に気泡が合体して大きな空気塊（エアーポケット）を形成する場合がある．

④については，シールの不足による流入部の負圧の発生および渦作用により，管路内に気泡および空気塊が混入する形態である．設計基準では，管路およびサイホンなどの流入部では，一定の水没水深（シール）を確保することになっている．

空気と水を含む気液二相流の流れは，管路条件および流量に応じて極めて多様な流況を示す．これは，空気と水の空間的な分布状態およびそれらの流体の相対速度の相違によるものである．管口径 200mm での実験結果を図 3.34 に示す．

なお，各空気混入流の流況については，分類上次に示す名称を用いる[21]．

a) 層状流（Stratified Flow）：気液が上下二層に分離してほぼ平滑な境界面を有する流れ．
b) プラグ流（Plug Flow）：管路上部に長大な気泡の存在する流れ．
c) 気泡流（Bubble Flow）：水中に小気泡の分散した流れ．

図 3.34 に示す流況遷移図は，気泡混合部から，ある区間の助走距離を経て，

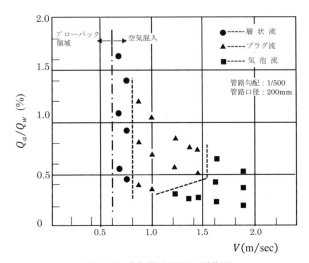

図 3.34　空気混入流況の遷移図

どの様な流況で定常的な流れになるか，観察した結果を流速（V）と空気混入比（Q_a：大気圧下の空気容積流量，Q_w：水の流量）別に整理したものである．ここで，下り勾配約 1/500 の管路（D=200mm）での水理実験では，流速が 0.60m/sec 以下では，混入された気泡はそれぞれ合体して，管路呑口近傍で大きな空気塊を形成し，その浮力により上流水槽へ逆流する現象（ブローバック（blow backs）現象）が発生するため，空気混入流の再現が不可能な流速の領域である．

流速が 0.60～0.80m/sec の領域は，層状流が形成される領域である．管内上層に形成された空気塊は，その浮力と管内圧力および流れの抗力とが平衡状態となっている．

プラグ流の領域では，流速の増加に伴い空気輸送能力が増大して，空気は管路内に滞留することなく下流へ流下する．ただし，大きな気泡は，浮力を有していることから水との相対速度は小さな気泡に比較して大きい．気泡の形状は，流速の増加に伴い長大な楕円形から円形に変化する．

小さな気泡流の領域では流れの乱れにより，気泡は，それぞれ合体せず，単体で管路頂部に集積しながら流下する．

3.7 実験理論
3.7.1 水理模型実験 [22]

模型実験は，数学的な解析により解決が困難な複雑な水路断面や境界条件下および局所部などの流れの水理現象を対象に，現象を調べやすくした模型（model）で起こった現象や水理特性から，原型（prototype）で発生する現象を把握しようとする物理実験である．水路模型の上下流端には流量あるいは限界水深などの既知の境界条件を設定する必要がある．実験で求める値は，流速，水面形，波立ち高およびエネルギー損失などである．模型水路の粗度係数は，原型との縮尺比に応じて調整する必要がある．これらの模型は強いていえばアナログ計算機である．そして，水理構造物の設計や水理機能の解明のための研究の中の一つの作業である．模型と原型間の現象が幾何学的に相似（geometric similarity）であるとともに，力学的な相似（dynamic similarity）関係も確保する必要がある．これらの相似関係が確保されれば，

3.7 実験理論

実物と模型の流線は幾何学的に相似であり，その線上の対応する点での速度の比がすべて等しくなる運動学的相似（kinematic similarity）関係も当然確保される．水路では，一般に幾何学的縮尺（スケール）は，1/5 〜 1/20 程度が採用される場合が多い．力学的相似関係では，2つの物理量の無次元量を模型と原型で一致させることが行われる．一般的には，開水路ではフルードの相似則を，また，管水路ではレイノルズの相似則を適用する．

フルードの相似則は，模型と原型で重力（mg）と慣性力（ma）の比を等しくするものであり，これらの2つの物理量によって支配される現象において適用される．したがって，粘性力，表面張力などとの関係は無視される．本法則の無次元積は，フルード数（F_r）であり，式（3.58）で示される．

慣性力と重力の比

$$\frac{ma}{mg} = \frac{\rho L^2 V^2}{\rho L^3 g} = \frac{V^2}{Lg}, \quad F_r = \frac{V}{\sqrt{Lg}} \tag{3.58}$$

レイノルズの相似則では，慣性力と粘性力（摩擦力）との比であるレイノルズ数（R_e）を一致させる．

慣性力と粘性力との比は，式（3.59）で示される．ここで，A_0 は粘性力が働く面積である．

$$\frac{ma}{\tau_0 A_0} = \frac{\rho L^2 V^2}{\mu \left(\frac{dV}{dy}\right) A_0} = \frac{\rho L^2 V^2}{\mu \frac{V}{L} L^2} = \frac{\rho V L}{\mu}, \quad R_e = \frac{VL}{\mu} \tag{3.59}$$

これらの力の関係を図 3.35 に示す．模型実験では図に示す2つの力の無

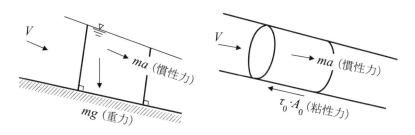

(a) 開水路　　　　　　　　　　(b) 管水路

図 3.35　開水路と管水路の力学的条件

次元積を模型と原型と一致させる必要がある．
　以上の2つの相似則における各水理量の縮尺比を表3.4に示す．
　適用する相似則が決まれば，次はどのように具体的に実験を進めるかの計画を立案する必要がある．たとえば，図3.36に示す水路内の斜路式の落差工部下流においての減勢施設の設計問題では，上流部で発生する射流を模型において再現し，下流部において効果的な減勢施設（減勢ブロック形状）を実験的に決定する必要がある．直線部などで十分な容量のスペースが得られるなど一般的な立地条件であれば，設計基準などに示された形状で仕様設計すればよい．しかし，減勢のためのスペースが十分確保できない場合や下流部の水路線形が屈曲している場合では，実験により現象を解明して性能設計を行う必要がある．
　開水路の実験では，一般にフルード則が適用される．流量の境界条件としては，原型での設計流量に対する定常的な実験流量を表3.4にしたがって算定する．この実験流量は，実験施設の規模や実験水の給水能力を検討する重要な実験条件となる．コストや実験労力などを勘案してスケールと実験流量を決定する必要がある．下流部においては，原型や現地の下流水路を調査し，限界水深または等流水深を下流の水位境界として設定するための堰などによる水位調整施設が必要である．また，実験施設の最下流には，実験流量の設定，確認および計量のための規格に準じた計量堰を設置する必要がある．図3.36には，模型と原型の水理諸量の相似性を示す．添字mは模型，添字pは原型を表す．シュート式の減勢施設では，上流の射流が表面張力の影響を排除可能な模型における水深を確保する必要がある．その値は約2～3cm

表3.4　各相似則における水理諸量の縮尺比

諸量	次元	フルード則	レイノルズ則
長さ	L	$\lambda_R(=L_m/L_p)$	$\lambda_R(=L_m/L_p)$
時間	T	$\lambda_R^{1/2}$	λ_R^2
速度	L/T	$\lambda_R^{1/2}$	$1/\lambda_R$
流量	L^3/T	$\lambda_R^{5/2}$	λ_R
粗度係数	-	$\lambda_R^{1/6}$	-

添字$_m$は模型，添字$_p$は原型を示す．

以上が必要といわれている．このため，シュート部では粗度係数の相似関係も忠実に再現する必要がある．これは，実験流量に対する上流の流れのエネルギー関係（流速と水深）においての再現上重要な要件となる．本減勢施設は減勢ブロックにより射流を跳水させ流れを常流に遷移させてエネルギーを減勢させることを目的にしている．そして，その減勢後の流れが下流水路の流況に影響を与えない流速や水面動揺であるかを実験で確認することになる．減勢が不十分であれば，減勢ブロックの形状や設置位置を変更して最適な形状と配置を明らかにすることになる．

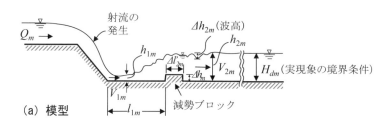

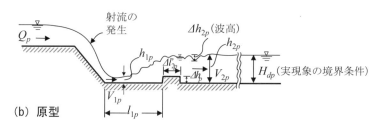

図 3.36　水路落差工の水理実験における原型と模型の関係

3.7.2　数値実験理論

開水路系の水路システムの運用における通常の流れは，分配水流量が時間的に変化する非定常流であり，この挙動を把握し制御や水管理の問題を解決するためには，その水理学的挙動を事前に予測する必要がある．非定常流については連続式と運動方程式が定式化されているが，これらの式は非線形な偏微分方程式であることから解析的に解くことは不可能である．また，先に説明した物理実験は等流や不等流において適用することが実用的であり，長大な水路におけるなど流れが時間的に変化する流れに，本方法を適用するこ

とは難しい．このため，数値流体力学による数値シミュレーション手法を活用した数値実験が情報技術の発達した今日では有効である．一般に数値実験では，流れの基礎式を適切な数値解法により代数方程式などに置換えコンピュータによりシミュレーションするものである．近年では数値実験で得られた計算結果をコンピュータで可視化し，あたかも実際の流れを目で確認することも一般に行われている．数値解析には差分法，有限要素法，境界積分法などがある．ここでは，理解が容易で開水路によく適用される差分法を中心に，緩勾配の1次元開水路流れの数値実験理論について説明する．

差分法 (finite-difference-method) は，比較的簡単な代数計算によって導かれ，基本的かつ重要な数値解法の1つであり，流れの数値解析によく用いられる[23]．微分法が連続関数の演算に対して差分法は離散的な関数の演算方法である．図3.37に示すように一般的に等間隔に計算点をとり，これらの関数の値を $u(x)$ とする．導関数はこの曲線の傾きで，式 (3.60) で定義される．

差分法は，この導関数を近似的に表現したものであり，式 (3.61) で示される．

$$u_0' \equiv u'(x_0) = \lim_{\varDelta x \to 0} \frac{u(x_0 + \varDelta x) - u(x_0)}{\varDelta x} \tag{3.60}$$

$$u_0' \approx \frac{u_1 - u_0}{\varDelta x}$$

$$u_0' \approx \frac{u_1 - u_{-1}}{2\varDelta x} \tag{3.61}$$

図3.37に示すように u_0' は差分を行う地点によってその値が変化することがわかり，この差が数値解析の誤差の要因となる．この誤差を解消するために，テーラー展開に基づく高精度，高階の差分式も導入することができる．

差分法を具体的に水路に適用する場合では，図3.38に示すように流れの場を覆う格子 (grid) 上で，流れの変数を定義し離散関数で差分方程式に置換え代数的に解法する．1次元の開水路流れでは，水路内の流れを位置と時間に対する2次元の平面格子に設定し，上流から下流までの $\varDelta x$ の検査体積について順次差分方程式を解法する[24]．

3.7 実験理論

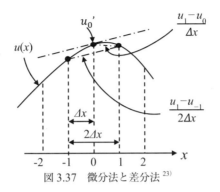

図 3.37 微分法と差分法[23]

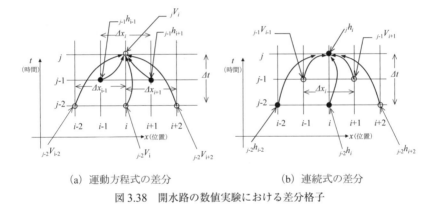

(a) 運動方程式の差分   (b) 連続式の差分

図 3.38 開水路の数値実験における差分格子

初期条件は，データ入力の作業性を考慮し流速は 0（静止状態），水位は上流から下流まである一定値を与え，計算機の中で実際の数値解析のための初期条件（定常解）を作成する．この時点の計算は等流または不等流の解析となる．その後，必要な境界条件を時間的に変化させて入力し解析することになる．

実際の開水路を一定の長さ（Δx）で区分したメッシュ図（図 3.39）を作成し，そのメッシュごとの水路底標高，水路断面，粗度係数のデータを整理する．1 次元の運動方程式の差分式の例を式（3.62）に示す．

$$\frac{1}{g}\frac{_jV_i-_{j-2}V_i}{\Delta t}+\frac{1}{2g}\frac{_{j-2}V_i^2-_{j-2}V_{i-2}^2}{\Delta x_{i-1}}+\frac{z_{i+1}-z_{i-1}}{\Delta x_i}+\frac{_{j-1}h_{i+1}-_{j-1}h_{i-1}}{\Delta x_i}$$

$$+\frac{n^2|_{j-2}V_i|\left(\frac{_jV_i+_{j-2}V_i}{2}\right)}{\left(\frac{_{j-1}R_{i-1}+_{j-1}R_{i+1}}{2}\right)^{4/3}}=0 \tag{3.62}$$

右辺の最後の項は，マニング式による摩擦損失勾配を表す．

水路幅 b の矩形水路の連続方程式の差分式の例を式（3.63）に示す．

$$b_i\frac{_jh_i-_{j-2}h_i}{\Delta t}+\frac{b_i}{\Delta x_i}\left(\frac{_{j-2}h_{i+2}+_{j-2}h_i}{2}{}_{j-1}V_{i+1}-\frac{_{j-2}h_{i-2}+_{j-2}h_i}{2}{}_{j-1}V_{i-1}\right)$$

$$-_{j-1}q_i=0 \tag{3.63}$$

ここで，Δt：単位時間，Δx_i：i 地点の単位距離，$_jV_i$：j 時間 i 地点の流速，z_i：i 地点の水路底標高，$_jh_i$：j 時間 i 地点の水深，n：マニングの粗度係数，$_jR_i$：j 時間 i 地点の水路の径深，b_i：i 地点の水路幅，$_jq_i$：j 時間 i 地点からの側方からの流入量，j：時間の格子番号，i：位置の格子番号

式（3.63）の最後の項は，横流出量（分水量）を表す．

図 3.39 に示す数理モデル図において，メッシュの中心で連続式により水位を，メッシュの境界で運動方程式により流速を計算する．

メッシュの長さは，細かくすると計算の精度は向上するが，計算時間が長時間となる．逆に粗くすると計算精度が低下する．水路全体の長さも考慮して，100m から 200m 程度が適当である．メッシュの長さは，同一である必

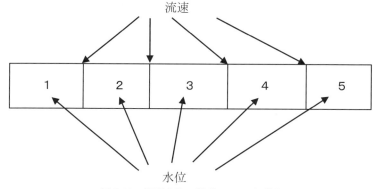

図 3.39　矩形水路の数理モデル平面図

要はなく，メッシュの長さを可変にすることも可能である．ただし，極端に長さの異なるメッシュはできるだけ避ける必要がある．

メッシュには，番号を付ける．図 3.39 の例では，水路の上流から下流に向かって昇順に付けた番号を使用している．

以上のように差分法による数値実験では，連続式，運動方程式，平均流量公式（マニング式）を用いて，各地点の時間的に変化する水位と流速，流量を求める．

参考文献
1) 農業農村工学会：改訂七版農業農村工学ハンドブック基礎編（2010）pp.13-15.
2) 荒木正夫・椿東一郎：水理学演習上巻，森北出版（1974）pp.5-7.
3) 杉山弘（編著）・松村昌典・河合秀樹・風間俊治：明解入門流体力学，森北出版（2012）pp.46-59.
4) バーナード・ル・メオーテ著/堀川清司訳：応用流体力学入門，東京大学出版会（1997）pp.3-15.
5) 前掲2），pp.115-116.
6) 前掲3），pp.50-59.
7) 前掲2），pp.91-92.
8) M. Hanif Chaudhry：Open-Channel Flow, Prentice-Hall, Inc.（1993）pp.48-51.
9) 中　達雄：急流水路工の水理現象と新たな水理設計法の研究，農業工学研究所報告第 30 号（1991）pp.142-143.
10) 前掲8），pp.250-253.
11) 前掲2），pp.203-204, 216.
12) 土木学会：水理公式集（平成 11 年版），pp.254-255.
13) 前掲8），pp.278-283.
14) Ven Te Chow：Open-Channel Hydrulics，McGRAW-HILL（1959）pp.526-528.
15) 荒木正夫・椿東一郎：水理学演習下巻，森北出版（1976）pp.91-92.
16) 農林水産省農村振興局整備部設計課：バルブ設備計画設計技術指針，（社）農業土木事業協会（2002）pp.7-18.
17) 富田幸雄：水力学－流れ現象の基礎と構造－，実教出版（1983）pp.185-187.
18) 前掲1），pp.217-218.
19) 農林水産省農村振興局：土地改良事業計画設計基準　設計「パイプライン」技術書（2009）pp.221-222.
20) 中　達雄・吉野秀雄・岩崎和巳：越伏のある管路における空気混入の水理挙動，農業土木試験場技報 174（1987）pp.1-12.
21) 日本流体力学会編：第 2 版　流体力学ハンドブック，丸善（1998）pp.1014-1016.
22) 前掲4），pp.286-299.

23) 日本機械学会編：流れの数値シミュレーション，コロナ社（1988）pp.56-71.
24) 白石英彦・中道　宏編著：農業水利計画のための数理モデルシミュレーション手法，(社) 土地改良技術情報センター（1993）pp.13-27.

第4章　水路システムの水管理と操作・運用

4.1　はじめに

　灌漑システムの日常果たすべき機能を発揮させるためには，そのシステムの日々の操作・運用（operation）を行う一連の水管理が必要である．このとき，管理コストを最小化し，公平かつ効率的，弾力的に末端圃場へ用水を供給し，対象となる地域全体の作物の水に対する生産性を向上させることが水管理の目的となる．

　1960年代以降，水路システムが大規模になり，さらに近年の水路システムの末端を中心とするパイプラインの導入などにより，そのシステム構成が複雑化している．このため，水管理を議論する場合に事前にその論理，目標とあるべき姿を整理しておくことが不可欠である．

　本章では，水路システムを包含する灌漑システムの水管理も含め，水路システムを中心に，その水管理の目的，内容，方式などについて整理するとともに，本書の主題である水路システムの場における具体的な水管理のための操作・運用を考える．

　なお，水路施設自体の水路漏水補修，ゲート補修，水路土砂浚渫など維持補修については施設管理（facilities maintenance management）として，ここでは水管理の対象とはしない．

4.2　水管理とは

　灌漑分野の水管理を議論する場合，各研究者や技術者の描く水管理のイメージは千差万別であると言われている．水管理の目的およびその内容については，既存の関係文献などに多様な定義がされている．以下にその事例を紹介する．

①農業土木標準用語事典（改訂5版）[1]
・水管理（water management）
　水管理施設の用語を解説する中で「灌漑排水に関する貯水，取水，送水，排水，水質保全を行う一連の総合的活動行為．灌漑の水管理は，供給主導型

水管理と需要主導型水管理に分類される」と定義され，水利施設レベルの定義となっている．
②農業農村工学ハンドブック（改訂七版）[2]
「水管理とは，農業水利施設を通じて用水の供給，配分，調整あるいは農地からの排水などの用排水制御を行うことであり，施設の操作・運転により行われる」
③水管理制御方式技術指針（計画設計編）（農林水産省監修）[3]
「かんがい水や耕地排水の管理の行為全般の総称」
④水と日本農業（緒形，1979）[4]
緒形による定義では，水管理には，多様な側面があるとし，その中核のものとして，「水利施設の運転（目的を志向した操作とそれを助ける行動）と保守（経過的消耗並びに偶発問題に対する処理）である．」と説明をしている．
⑤水と日本農業（緒形，1979）[5]
白石による定義では，「ただばくぜんとして水管理という言葉を用いてきたが」と前置きし，「水利施設の範囲内で水使用者の需要を時間的に量的に充足するように水利施設を操作，確認すること」と水管理の考えを整理している．これは，用水需要へ対応する水利施設の運用面を対象にした定義である．

一方，中原[6]は，広義の水管理について，対象とする場（システム）ごとに以下の3つの理解があることを説明している．

第1は，「圃場内での水の駆け引き」であり，この範疇での水管理を「一枚の圃場での水条件を作物の成育，農作業に最適となるように操作，調整することである」と定義している．第2は，「かんがい組織を通じて，必要量の水を適時，均等，効率的に供給，配分すること」と定義している．これを事業実施当局者の理解する水管理と位置づけている．第3は，「流域開発の視点からの理解であり，一定の地域での他種の水利用を含めた限られた水資源の利用を管理するもの」と定義している．

これら中原の水管理の視点は，その位置づけおよび対象範囲を明確に区分した理解であり，狭義の水管理を議論する際の範囲と領域を的確に示すものとして，俯瞰的かつ優れた水管理の視点である．また，第2章で灌漑シス

テムの構成を整理したが，中原の水管理の理解は，灌漑システムの構成である①流域・水源システム，②水路システムおよび③圃場システムを明確に区分したシステムを意識したものである．

したがって，中原の水管理の理解から灌漑システムの水管理の内容を表4.1のように整理することができる．本表からも分かるように水管理は，その対象とするシステムによって，目的や内容，その管理主体などが異なる．

表4.1 灌漑システムの水管理の内容

システム （場，スケール）	目的	管理主体の例	具体的管理の例
①流域・ 水源システム	水源の調整，保全	行政部局， 流域管理者	貯水池の貯水管理
②水路システム	用水の送水・配水	かんがい事業部，土地改良区連合，単区土地改良区，農家	幹・支線水路および分水工（口）の操作
③圃場システム	作物生産の向上	農家，水利用者	圃場の用排水操作

そして，水管理の目的は，下記の事項に要約できる．
① 水の節約，有効利用（用水需要への弾力的運用，公平な配水）
② 管理労力の節減
③ エネルギーコストなどの管理経費の節減

4.3 水管理の対象と範囲

水管理を議論する場合，先に述べたようにその対象と範囲を明確に設定しておくことが必要である．対象ごとに水管理のそれぞれの目的および技術的手法は表4.1でみたように異なる．水管理を議論する場合には，灌漑システムの中のサブシステム（水路システム，水理ユニット）を意識し，そのシステム内での議論か，または，その複合組織としての連携などの議論なのかを事前に整理する必要がある．

(1) 流域・水源レベルの水管理（water management on river basins and water resources）

流域－貯水池－頭首工（水路システムの始点）の範囲で水資源の保全，管

理，運用を行うことが，ここでのシステムの水管理の内容となる．このレベルでは，水資源は同じ農業用水相互間のみならず上水道や工業用水，環境用水などの多種利水を含めた調整が必要となる．

具体的水管理項目の主要なものとしては，次のものがある．

①流域保全：水源林保全，土砂崩壊管理，流出土砂管理
②貯水池管理：貯水量管理，洪水管理，複数ダム間の相互運用，堆積土砂管理，濁質・水質・水温管理，流木・塵埃処理
③頭首工管理：取水管理，洪水管理，河床土砂管理，塵埃管理，河川生態系保全

(2) 水路システムレベルの水管理（water management on canal works）

水路レベルでは，頭首工地点から分水工および末端分水口（off-take）までの範囲で，用水の供給と需要をマッチングさせながら弾力的に用水需要を充足させ，管理用水量および用水ポンプなどで利用されるエネルギーコストを節減するよう用水を取水，送水，分水，配水，計量する一連の管理が水管理の内容となる．したがって，このレベルでの水管理の目的は，水路システムを通じて，必要量の用水を適時，公正，効率的に末端圃場へ配分することである．

(3) 圃場レベルの水管理（water management on farms）

個々の圃場での水利用の効率化および作物栽培様式に対応した作物栽培の最適化を図るための水管理である．一般に耕作者レベルの水管理である．

大量の用水供給を必要とする水田では食料自給力の向上のために，現在，主食用米以外の麦，大豆，米粉用米および飼料用米の作付け増・生産増が要請されている．そして，水田の用排水管理技術では，圃場内の湛水位から地下水位までを高度に管理する技術開発も行われている．圃場レベルの水管理制御技術をより広範囲にかつ効果的に現場へ普及させるためには，当然，圃場区域内外の用排水条件や地下水位環境を整える必要がある．このため，幹支線排水路の水位管理を強化するなどの既存の水路システムを有効活用した水管理技術の開発も必要である．

4.4 水管理の具体的行動

　機側直接操作，遠隔操作および自動制御のいずれにせよ，水管理の主体はあくまでも人間であることから，本書で対象とする水路レベルの水管理の具体的内容は，人間の行動そのものとなる．水管理は水路システムの送配水計画に基づいて施設を目標値（水位，分水比，流量など）に向けて操作し，その後の頭首工取水量の変化，需要量の予期せぬ変動や降雨などの気象条件に呼応して変化する用水需要量と配水状況を監視し，送配水や余剰水の排除に対する計画上の目標値に合うようにゲートやバルブなどの管理施設を再操作する一連の行動である．

　水管理の行為を一般的なフィードバック制御のフローチャートの中に位置づけると図 4.1 の通りとなる．水路システムの送配水計画に基づく目標値（Y_c）を維持するために，その操作変数（Y）を計測する．操作変数は，たとえば用水の需要変動や管理者が意図しない分水量の変化などの外部からのシステムに影響を及ぼす外乱が生じた場合に変化する．種々の計器により計測した変数の目標値に対する偏差の値を求め，これを処理・分析して管理対象施設などを調整・再操作することが水管理のための具体的行動となる．

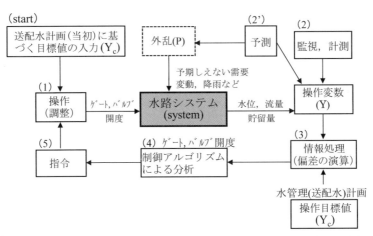

図 4.1　水管理における具体的行動のフロー図（フィードバック制御の場合）

　水管理において，人間あるいは関連機器の行動内容として用いられる用語

と意味を表 4.2 に示す.

表 4.2 水管理で用いられる用語とその意味

用語	意味
a）管理（management）	よい状態が続くよう処理すること.
b）制御（control）	意のままに支配すること.
c）操作（operation）	機械などを作動させること.
d）予測（forecast）	前もって推測すること.
e）計測（measurement）	数量や長さを器，機械を使って測ること.
f）監視（observation）	注意して見張ること.
g）情報収集（collection）	情報を集めること.
h）分析（analysis）	複合したものを，成分・要素に分けて調べること.
i）指令（instruction）	指図，命令.
j）処理（processing）	物事を始末すること.
k）記録（document）	書きしるすこと.
l）伝達（送）（transmission）	命令や意思を伝えること.

意味は国語辞典（三省堂）より整理

　水管理を具体化するために実施される最も重要なことは，現地の施設の適切な制御である．その制御には，次の 3 つの方法が示されている[7]．

　①機側手動制御（local manual control）：制御が現地施設の機側において手動で行われる．

　②機側自動制御（local automatic control）：制御装置によって人間の介在なく施設の制御が行われる．

　③中央制御（supervisory control）：中央の水管理センターなどの遠方から施設の制御が行われる．

　機側手動制御では，水路に沿って配置された経験を有する多数の水路現地管理者（ditch rider, waterman）が中央からの送配水計画や水利用者からの依頼により現地で制御する方法である．手動であっても省力化のためにゲートなどの電動化が図られている場合がある．現地での作業が完了すれば各管理者は電話などにより水路内の水位やゲート開度などのデータを中央の管理

者へ報告しなければならない．現地管理者間でのチームワークが重要であるといわれている．

　機側自動制御は，制御対象施設が水理学的な自然調整機能，無動力あるいは情報通信技術により，人間の介在なく制御が行われるものである．各施設は，水路内の流況に応じて自律的に目標とする作動を行う．情報通信機能を有するものは水路内の水深，流量およびゲートの開度などを監視することもできる．なお，定期的な人間による現場状況の点検は必要である．また，制御施設の故障や不具合，誤作動および現地での停電などの異常を知らせる警報装置が必要となる．異常が生じれば，直ちに人間による現場での確認や対策が必要となる．中央制御は，中央の水管理センター（control center）などから制御を行うものであり，水路システムの遠隔地からのデータを収集し，そのデータを分析して遠隔地の施設の制御を行うものである．中央では，水路システムの主要な地点のデータを把握することが可能となり，これを下に適切な制御を実施する．図 4.2 には，中央制御の事例として 1980 年代以降，水管理システムが導入された典型的な事業地区の水管理状況を表示する表示盤（グラフィックパネル）を示す．一般には，事業地区内の中央に水管理センターが設置され，そこから多くの機器を用いて遠隔制御・遠隔監視できるシステムが構築される場合が多い．

　以上の制御方法は，一般的な水路システムへの導入では，互いに排他的ではなく，各方法を組み合わせて適用されることが多い．たとえば，すべての制御施設に②や③の制御を導入する場合，水管理コストの増大が懸念される

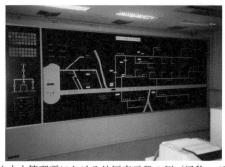

図 4.2　中央水管理所における地区表示盤の例（通称：グラパネ）

時には，必要な施設に導入を限定しその他は，機側手動制御による人的管理を導入する場合などがある．

近年の情報通信技術の発達に伴い，2000年以降，これらの水管理機器システムの中の監視操作卓は端末機器に，また，図4.2に示した大型の地区表示盤は，大型CRTディスプレイにそれぞれ置換わっている．

4.5 水管理の時間スケール

水管理を議論する場合には，その行動の時間スケールも重要となる．時間スケールごとの水管理の内容については，白石[8]が年間，旬間，日単位の管理計画に分け，次の通り整理している．

(1) 年間の水管理（時間スケール：4～5ヶ月～1年）

作物および水文環境から作物一作の灌漑シーズン（灌漑期）のサイクルを考え，その間の水管理を考える．灌漑期の始まる前に農家などの需要者からの申し込み水量を土地改良区などの供給者が取りまとめ，作物の作付計画，栽培様式を基に期別の各分水工（口）ごとの用水の送配水計画を決める．気象条件は平年時または，無降雨を想定することとなる．長年の管理経験より，この期間の用水需要量を供給者がすでに熟知している場合もある．

(2) 旬間の水管理（5～10日）

水田灌漑の場合，一般に用水計画の立案や水管理の時間単位として5日半旬の期間が採用される．作物の成育ステージ，水源，気象条件から用水の需要量の把握を行い，用水の配水量を決め，操作する．長年の管理経験より管理主体が用水需要量を事前に把握できる場合が多い．

(3) 日単位の水管理（24時間）

旬間の水管理の計画により提示される取水量，送水量，設定分水量，配水量と水路内水位などに基づき，その目標値の設定を日々行う管理である．図4.1に示した水管理フローがその内容となる．また，有効雨量があれば水資源の保全のため，送配水量を減じ，さらに豪雨があれば排水流入による水路施設の溢水の防止などの安全性確保のために送配水を停止し余剰水を放水工および余水工から排除するなどの供給者側の排水管理が求められる．

4.6 水管理方式とその実際

　水路システムとその水管理の構築および再整備に際しては，まず，以下に示す水管理方式と第5章で説明する配水方式の二つの問題について，計画・設計技術者とシステムの施設管理者間（土地改良区など）で協議する必要がある．この2つのシステムの操作仕様は，水路システム設計に対する仕様，または要求性能ともなる．

　まず，水路システム内における水管理領域の特性を明確に区分設定する必要がある．比較的大規模なシステムは，2章（2.3）で示したように一般に2つの管理領域に分けられる．分水工（口）を含む幹線水路システムは，用水供給側（一般に土地改良区連合など）で管理される領域であることが一般的である．供給側では，需要量に対して用水を無駄なく有効に配分することが目的とされる．分水工（口）から下流は，農家あるいは単区の土地改良区の水利用者が共同で管理する領域であり，需要側の論理で管理される．これを支線水路システムまたは，末端配水ブロックとよぶ．

　水管理（給水管理：management of water supply）方式は，末端配水ブロックへの供給（給水）方式により特徴づけられる．緒形[9]は，給水の仕方には大きく二つに区別して，需要主導と供給主導の給水があると説明し，「送・配水施設からの取り出し操作を水使用者が自分で行う場合を需要主導の給水（例：上水道の平時の給水）とし，これに対して，給水管理者が自らの手で，あるいは他の人に指示して取り出し操作を行う場合を供給主導の給水（例：畑におけるローテーションブロックによる灌漑や，干魃時における水田の番水）として区分する．」と説明している．さらに，Ankum[10]は水管理方式を以下の3つの方式に区分している．これを日本の農業水利の実態から再整理すると次の方式となると考えられる．

(1) 供給主導型水管理方式（imposed supply）

　供給側が，水資源状況および作付け状況と過去の管理経験などから需要量を想定して水の供給（量）を決定する．

(2) 半需要主導型水管理方式（semi-demand supply）

　需要者からの予定の申し込み水量を基礎に供給側が水の供給（量）を決定する．申し込み水量についてのデータの処理時間と制御システムの応答特性

の時間が実際の用水の供給を遅らせることになる.
(3) 需要主導型水管理方式（on-demand supply）
　水資源量および施設容量の範囲内で需要者が水の配分を決定し，また即座に供給を受けることができる.
　次に，これらの水管理の実際について整理すると下記の通りである.
①供給主導型水管理方式
　水資源に制限がかかっていない場合，開発水量と河川自流などの中の水利権量の全量をシステム内へ取水し，供給者が用水計画上の分水量を各末端ブロックへ配水する方式である．この場合，実需要量が供給量を下回るときには，管理用水が下流もしくは，末端の余水工などから流出することとなる．この状態の管理を余水放流方式ともよぶ．一方，恒常的または，渇水期など水資源に制限を受ける場合，供給者が下流末端分水工（口）への送配水時間と流量を厳密に管理し，限られた用水をある節水率を基礎に配水または間断分水（ローテーション，番水）する場合も，本水管理方式となる．
②半需要主導型水管理方式
　本水管理方式は大規模灌漑システムでは最も一般的に適用されている方式であり，戦後整備されたわが国を代表する愛知用水および豊川用水などで行われている方式である．ここでは，豊川用水の事例を紹介する．
　豊川用水は農業，水道および工業の3つの用水の共用であり，かつ利用者が愛知，静岡の両県にまたがっていることから，水資源機構（旧水資源開発公団）が送配水管理の責任を持つこととし，水源施設，頭首工，導水路，幹線水路，分水工（口），補助ため池などの基幹施設を同機構が管理している．幹線水路に付帯する分水工（口）から下流の支線水路以下の施設は，単区土地改良区の連合的性格を有する豊川総合用水土地改良区などに管理委託している．供給者が水資源機構であり，水利用者が単区土地改良区となる．その中間に位置する豊川総合用水土地改良区は水利用者側の代表者的存在であり，供給者側との間の水利用における調整機能を果たすものと考えられる．本地区では，通常時では半需要主導型水管理方式が導入されている．この管理方式における需要量把握および供給側の水路操作の流れを図4.3に示す．
　単区土地改良区内では,関係農家→管理班長（30〜50ha）→管理区長（150

~300ha）を経由して，地区内の地目別希望配水面積と配水希望時間を集計し，豊川総合用水土地改良区各管理事務所へ希望する分水を申し込む．この時点では，末端配水ブロックの需要量は，水量あるいは流量として情報が集約されていない．豊川総合用水土地改良区では，基準単位用水量と配水希望面積から分水量を算定する．希望分水量と時間を水資源機構の豊川用水総合事業部の各管理所へ申し込む．機構は，豊川総合用水土地改良区からの申し込み水量を検討して各支線水路への分水量を定める．ここで，幹線水路を管理する供給側の意思決定がなされ，半需要主導型の中でも水量的には，供給主導型的な水管理方式が実施されている．各管理所は，検討した分水量を総合事業部管理課へ連絡する．総合事業部管理課は，さらに幹線水路各地点の用水需要量調整を行い，配水計画の作成および各管理所への配水指示を行う．各管理所により，頭首工からの用水の送水および各分水工からの配水が上流から下流へ順次実施されるわけである．原則として水利用者（農家）は，配水の申し込みを行ってから2.5日後に申請した用水を受け取ることができるわけであり，申請と用水を受け取る間には時間遅れが生じる．なお，需要者からの要請量は有効雨量がなく，その希望時期に用水を使用する最大可能量であるため，配水当日降雨がある場合には，実際使用されない用水の無効放流を防止する水管理が重要となる．実態として1968年の通水以来，長年の管理実績と管理経験の蓄積があるため，通常は，毎年3月末までに豊川総合用水土地改良区から提出される年間取水計画を基に，配水時の気象条件を勘案して，旬間および日単位の送配水操作を行っている．このため，実態としては図4.3 単区土地改良区から豊川総合用水土地改良区の情報の処理は水使用者からの要請量の大きな変更がない場合には，頻繁には行われていない．ただし，貯水池などの水源の状況によっては，需要量を賄えない場合には，供給主導型の水管理方式へ移行することになる．

③需要主導型水管理方式

　ファームポンド（F.P.）以降の水管理として，一般に行われる方式であり，ファームポンド容量の範囲内で水利用者の利用水量と利用時間などの制約にとらわれない水利用の自由度が保障される．この場合，本方式の水管理を実現するためには，緒形[11]も指摘しているように，「水源の供給可能な範囲お

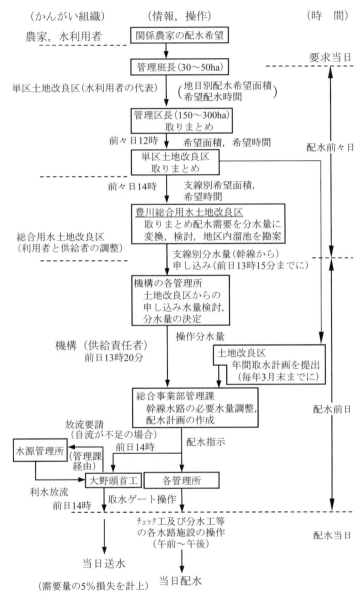

図 4.3 豊川用水の水管理フロー図（半需要主導型水管理方式，豊川総合用水土地改良区関連）水資源機構からの聞き取り調査より作成

よび給水施設の能力の範囲以内でのみ実現するものである．もし，水源能力，給水施設能力が不十分な場合には，供給主導の給水を行わざるを得ない．」との認識が重要である．

　これに対応する水田配水系のパイプライン地区の例では，1日の間の給水時間に制約を設けている場合がある．このため，本水管理方式には，用水供給の量と時間の上限あるいは，制限が存在することの認識が不可欠である．この認識がなくシステム設計した場合，ある給水栓のみが予測する需要変動量以上に優先的に給水を得た時には，他の給水栓において不均等配水や給水不能などが生じ，システム内に大きな混乱を招く結果となる．

　需要者が，分水口を操作して必要なときに必要な量だけ用水を取り出せば，理論的には管理損失（無効放流）は，皆無である．しかし，現実には需要発生地点における過剰分水，無効放流などの実際の管理における需要者側の操作制御誤差や粗放化を想定した分水口の施設整備が不可欠である．また，需要者に対する水路システムにおける水管理方式に関する啓蒙も重要となる．また，下流側の大きな需要変動を正確に予測することは困難であるため，本水管理方式を採用するシステムの始点には，十分需給調整を行うことができる容量（buffer capacity）が必要である．また下流側の需要変動に追随するため，応答特性のよいクローズドタイププイプライン方式などの下流流量制御の水路形式が採用されるべきである．

4.7　取水管理 [12]

4.7.1　取水管理技術の内容

　頭首工は，河川などから水利権水量の範囲内で必要な量用水を水路に引き入れ，水路システムへ流入させる目的で設置される施設の総称で，一般に取入口，取水堰，附帯施設および管理施設から構成される[13]．ここでは，水路システムの最上流端の流入部の水管理として取水管理を取り上げ，その管理の実際について考える．取水管理においては，農業用水の確実な水路システムへの取水のための取水量の決定およびその取水量・取水位の制御と取水量の計測・把握がその主体となり，これに土砂や塵芥の流入防止や処理などが維持管理として加わる．これらの水管理は，水路システム内の分水などに

おいても基本になる管理である．取水量の決定すなわち取水方法には，水路システムの水管理方式に対応して，次の3つの方法で行うことができる．
　①供給主導型取水：頭首工管理者（供給側）が期別の水利権量および総量規制値を基礎に，用水需要量を予測して取水量を決定する．
　②半需要主導型取水：事前に情報収集した水使用者からの申し込み水量を基礎に，頭首工管理者が水源状況を勘案した上で用水需要量に見合った取水量を決定する．
　③需要主導型取水：水使用者が取水量を決定し，また即座に開水路における下流流量制御方式あるいは，クローズド系のパイプラインなどを通して送水を受けることができる．
　わが国では，一般に，①供給主導型および②半需要主導型が多くの地区で適用されている．渇水時には，①供給主導型に移行する場合が多い．③需要主導型は，クローズドあるいは，セミクローズドタイプのパイプライン地区などで可能な取水方式であるが，需要量が水源量，水利権量および施設容量以下である必要がある．この場合の取水管理は取水量の上限値の管理と取水量計測が主体となる．各方式における具体的な取水管理（図4.4）は，取水位制御，取水量制御，取水量計測である．取水位制御は，取水堰ゲートあるいは，取入口ゲートにより，一般的には設定水位制御で行われる．取水量制御は取入口ゲートの開度設定などにより行われる．
　取水量計測については，流量計あるいは，水位計で行われる．また，設定

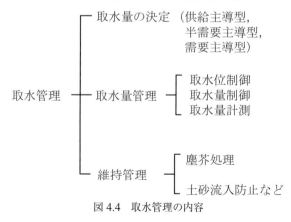

図4.4　取水管理の内容

水位制御を精度よく省力的に行うための遠方操作方式や自動制御システムなどの制御システムについても装備が必要である.

4.7.2 取水管理施設の制御・管理システムの類型化

近年の平時の取水管理施設においては,次のような類型の制御・管理システム(図4.5)が導入されている[14].

ケース1:取水堰の土砂吐ゲートの上段扉にある調節ゲートにより,堰上流水位(W_1)を一定に制御(設定水位制御)し,必要な取水量を取入口ゲートから取水する.一般に最も多く採用されているシステムである.

ケース2:堰上流水位を制御せずに,要求量に応じて取入口ゲートで取水量を制御する.河川水位の大きな変動がなく,河川水位が安定している取水堰を設けない自然取入れの場合に採用される.

ケース3:堰上流水位(W_1)および取入口ゲートの下流水位(W_3)を一定に制御し,必要な取水量を取入口ゲートの下流の流量調節ゲートにより制御する.河川水位の変動が大きい場合や,取水管理を精度よく厳密に行う場合などに採用される.

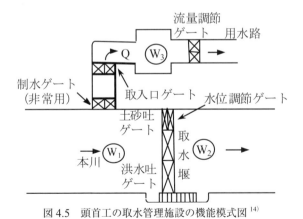

図4.5 頭首工の取水管理施設の機能模式図[14]

4.7.3 取水管理システムの改善の要点

水路システムの機能向上には,頭首工取入口における取水管理の高度化と一体として考える必要がある.その目的とするところは,取水量制御の精度

向上と管理の省力化である．近年では，自動制御がこれらに貢献することになる．安定した自動制御の動作を確保するためには，適切な管理施設の規模（容量）が必要である．取水管理システムの技術改善の要点としては，図 4.6 の事項が挙げられる．以下，その要点を説明する．

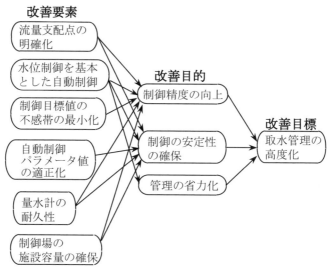

図 4.6　取水管理システムの高度化の方向

①流量支配点の明確化

　取入口において，水理学的流量支配点（限界流，支配断面）を明確に設定しておき，限界流を発生させ，その上流の一点の水位と施設諸元のみで取水量の制御および把握が可能な地点を設けることが重要である．このためには水路システムの水理設計上の有効落差（損失水頭）を確保するための水頭配分が必要である．

②水位制御を基本とした自動制御

　取水管理の省力化のためには，変化する河川流況に追随するための自動制御の導入が不可欠である．取水量制御の場合，流量支配点の水位を制御するシステムが好ましく，この水位を制御すれば取水管理が可能となる構造とすべきである．水理計測要素として，水位計測は流量計測に比較して，安価かつ精度よく計測することが可能であることから経済性の面から水位制御を基

本とすべきである．なお，水頭に余裕がない場合では，直接的な流量計による流量制御によらざるを得ない．
③精度向上のための水位の制御不感帯の最小化と制御場の施設容量

　取水量制御の精度向上のためには，制御ゲートの動作による疑似水位の影響がなく，沈砂池などを利用して風などによる波立を防止する静水池容量を確保する．波立を防止するために消波工を設置した事例もある．制御不感帯は，過去の現地での試験結果より±1cm～±2cmまで現実的に最小化可能である[15]．
④自動制御の安定化のための制御パラメータの選定

　制御動作が不安定となるハンチング（hunting）などの防止のため，適正な制御パラメータの選定が必要である．特に計測水位の平滑化処理が重要となる．
⑤耐久性のある量水計の設置

　水管理には取水量の把握が不可欠である．ある程度の精度が確保され，耐久性に優れた量水機器を選定する必要がある．農業水利分野では，量水施設は野外の使用が原則となる．落雷やゴミによる障害が少なく長期的に計測可能なものが取水管理の精度維持に寄与する．

4.7.4 取水管理の高度化が図られている事例

　わが国の農業用水を主体とする水路の取水管理として，最も高度化されている事例の1つは，香川県にある香川用水の取入口構造であると思われる[16]．図4.7に本取入口の水理縦断構造図を示す．取入口直下流に下流水位一定制御用自動ゲート（図5.6）が設置され，取水河川の取水位が変動しても，取入口の下流の水位（図4.5, W_3に相当）を一定に制御し，その下流の管路のバルブ開度により取水量制御する方式である．正確に流量を制御・計量するために開水路の流れを一旦，サイホンにより管路流れに変換する発想は，当時の水理技術の高さを示すものである．水位を制御する場には，アンダーフロー型ゲートからの噴流を十分減勢する静水池が設けられ，安定取水の効果を発揮している．取水量を制御するコントロールバルブの上流には，電磁流量計が設置されている．水位制御，取水流の減勢，流量計測および流量制御の各水理要素が適切に配置・設計され，高精度かつ実用的な取水管理

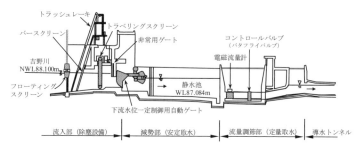

図4.7 香川用水取入工（口）縦断模式図（水資源機構香川用水管理所資料より作成）

を実現した設計例である．

4.7.5 取水管理の高度化のために実施された水理実験の事例

(1) 全体システム（下流水位一定自動制御方式）

ここでは，取水管理の高度化のために実施された水理実験を紹介する[12]．本室内実験では，制御・管理システムが「ケース3」に該当し，取水堰および取水口上流の河川内取水位（図4.5，W_1）は，取水堰本体非越流ゲート高を越えない範囲で，水位制御の不感帯（原型値；20〜30cmを想定）を大きく確保した最低水位保持の制御が想定されている．一般に，外乱の多い河川内水位の制御には，少なくとも±5〜±15cm程度の不感帯の設定が必要であることから，取入口ゲートにより河川内の水位変動に物理的なフィルターをかけ，取水量制御のための取水位（W_3）制御を堤内地で行うシステムが考えられた．なお，本川取水位の制御範囲については，河川管理者との管理規定などの技術的な協議により決定されるので留意が必要である．

実験された構造案を図4.8に示す．取入口ゲートは，本川取水位の変動に対して下流の静水池の水位を精度良く制御する下流水位一定自動制御のアンダーフローゲートである．

(2) 目標取水量制御精度

制御水位の不感帯は，現地スケールで$dh_1 = \pm 1.0 \sim \pm 2.0$cmを目標とされた（不感帯の最小化）．なお，このレベルの不感帯で自動制御の安定性を確保するには，水位制御場である静水池の風やゲートの噴流流出による波浪防止対策が必要である．このため，減勢のための静水池の容量の確保と水位制御位置の固定化が重要である．取水量設定は，その下流に位置する流量調

4.7 取水管理

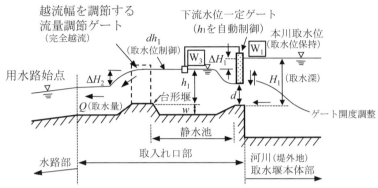

図4.8 実験された取入口構造試案（水理縦断図）

節ゲートにより期別および設定流量により開度（越流開口幅）設定を手動（一般的には電動）で行う．水理的構造は，流量支配点の明確化のために，完全越流を確保する．構造上，比較的低落差（水頭損失小）で完全越流を確保できる台形堰が採用され，この上部に設置する流量調節ゲートは，越流幅を調節するディストリビュータなどが考えられる．なお，この台形の完全越流により供給側の，取入口地点での主体的な取水量管理が可能となる．

取水量制御の取水位変動に対する精度（誤差）は，たとえば，取水深（h_1）が1.0mで台形堰の流量係数が一定であれば，±1.5～±3.0%（不感帯±1.0～±2.0cm：dQ/Q=1.5 (dh_1/h_1)）の値が期待できる．

(3) **構成要素とその機能**

設計としては損失水頭が小さく，安定した制御を実現する水理構造と制御方式を見出すことが重要となる．

取入口構造の構成要素とその機能をまとめれば次の通りとなる．

①下流水位一定ゲート：設定水位自動制御（自由流出状態のアンダーフローゲートを想定）

②静水池：設定水位制御場の静水化（減勢，波立防止）

③流量調節ゲート：取水量制御（越流幅調整（電動，手動））

④台形堰：取水量制御（完全越流の保持，流量支配点の形成），取水量の計測，供給主導型取水

(4) 流量制御用台形堰

　流量支配点として比較的低落差で完全越流を確保できる台形堰を取入口下流端に考える．施設容量を決定する水理設計としては，用水路始点の必要水頭（引継水位）を既知として，計画最大取水時における完全越流を確保する上流水位を求めることにある．

(5) 下流水位一定制御用アンダーフローゲート

　本ゲートは，河川取水位（図4.5，W_1）変動に対して，本ゲート下流の台形堰上流の越流水深（h_1）を精度よく制御するために設ける．本ゲートの動作確認がコンピュータ（PC）による自動制御による動作模型により実施された．アンダーフロー（スライド）ゲートの下流流況は，自動制御における動作の安定化を図るために，ゲートリップ直下から流出水脈が射流となる自由流出状態とする必要がある．これは，潜り流出では開度，上下流水深の変化により流量係数が大きく変動し，流量設定の安定性に問題があるためである．このため，自由流出を保持させる水理設計が原則とされた．また，自由流出状態では，流水により発生するゲート振動が小さいことが知られている．自由流出時の下流の流況を図4.9に示す．下流水深（h_1）は流れが射流から常流に遷移した地点の水深である．

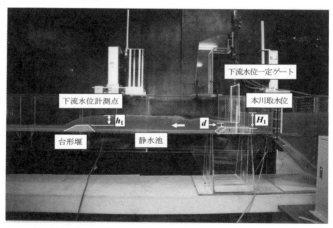

$$\left[\begin{array}{l} H_1=0.120\text{m},\ h_1=0.081\text{m},\ d=0.046\text{m},\ \Delta H_1=0.039\text{m}, \\ d/H_1=0.383,\ h_1/H_1=0.675,\ H_1/d=2.61,\ C_1=0.586 \end{array}\right]$$

図4.9　アンダーフローゲートの自由流出時流況（室内実験）

4.7 取水管理

アンダーフローゲートの流量係数 (C_1) は自由流出の場合，一般に H_1/d により変化し $0.50 \sim 0.60$ の間の値を示す．自由流出を確保するために，上流水深 (H_1) は下流水深 (h_1) の 1.20 倍以上とする．上下流水深の差はアンダーフローゲートで安定的に制御を行うために必要な水頭損失となる．また，上流水深 (H_1) は頭首工における計画取水位と取水深を規定することとなる．なお，アンダーフローゲートの流量公式は式 (4.1) による．

$$Q = C_1 \cdot d \cdot B \sqrt{2gH_1} \qquad (4.1)$$

ここで，Q：流量 (m^3/sec)，C_1：流量係数（自由流出の場合，$C_1 = 0.50 \sim 0.60$），B：流出幅 (m)，d：ゲート開度高 (m)，H_1：上流水深（取水深）(m)，g：重力加速度．

(6) 水位制御場としての静水池の構造

アンダーフローゲートにより，自由流出状態で下流水位 (h_1) を制御するが，この時に，流出した射流により制御水面に波浪が発生し制御の外乱を発生させる．また，露出射流になれば静水池が存在しない場合，常流水深 (h_1) へ遷移する地点が下流水深により下流へ大きく移動するため，射流を静水(減勢)池で減勢させ h_1 の水位の発生位置の固定化および安定化を図ることが必要である．このためアンダーフローゲートの下流に水位制御場として静水池を設ける必要がある．静水池は水路底を深くし，その延長を確保することにより，波浪を抑制し台形堰上流で平穏な水面形を形成させるものである．

(7) 制御の安定性と精度を確保するための水理構造と制御パラメータ

本水理実験結果から，制御の安定性および一定の精度を確保するための水理構造と制御パラメータが整理されている．ゲートのハンチングが皆無でかつ，設定水位の制御精度が実験で明らかにされた値である ±0.42% 以下の条件の模型値は，次の通りである．

①下流設定水位 (h_1)：0.080m

②上流水位 (H_1)：0.100m

③静水池長 (L)：1.05m (21w)

④静水池深さ (w)：0.05m

⑤取水流量：0.00617m^3/sec（水路幅 0.15m）

⑥ゲート開度高 (d)：0.058m（アンダーフローゲート流量係数 0.507）

⑦ゲート流出流速：0.71m/sec（ゲート通過部概算フルード数；Fr ≒ 0.94（自由流出））

⑧ゲート上下流水位差：0.02m（上流0.35m，下流0.95m地点で計測）

⑨水位計測の平滑化処理回数：3 ～ 10 回（10sec 間計測間隔 1sec，3sec）

⑩ゲート制御間隔：10sec

⑪制御水位不感帯：0.002m

⑫ゲート単位制御量：0.002m

本条件を頭首工の一般的取水深である1.0mの場合について，フルード相似則により原型値に換算すると表4.3の通りとなる．

なお，幾何学的縮尺は，1:10（0.10m/1.0m=1/10）となり，流量，流速および時間の縮尺比は，下記の通りである．

① 長さのスケール；1：10

② 流量のスケール；1：$10^{2.5}$

③ 流速のスケール；1：$10^{0.5}$

④ 時間のスケール；1：$10^{0.5}$

表4.3の条件でかつ，開度計あるいはゲート開度の誤差を無視して，水理

表4.3 取入れ制御の安定性と一定精度が確保可能な水理学的諸量

設計要素	本実験値（模型）	原型値（現地スケール）
1. 下流設定水位	0.08m	0.80m
2. 上流水位	0.10m	1.00m（取水深1.0m）
3. 静水池長	1.05（7B）m	10.50m（取水深の10.5倍）
4. 静水池深さ	0.05m	0.50m（取水深1/2）
5. 単位幅取水流量	（実験流量）	1.30m³/sec/m
6. ゲート開度	0.058m	0.58m
7. ゲート流出流速	0.71m/sec	2.25m/sec（フルード数 ≒ 0.94 ほぼ限界流）
8. ゲート上下流水位差	0.02m	0.20m
9. 平滑化処理回数	3 ～ 10 回/10sec	3 ～ 10 回/31.6sec（≒ 3 ～ 10sec 間隔）
10. 制御間隔	10sec	31.6sec
11. 不感帯	0.002m	0.02m
12. 単位制御量	0.002m	0.02m

設計および制御システム設計を行えば水位設定精度±0.42％，流量設定精度±0.45〜±0.65％以内で制御可能となると想定される．

参考文献
1) 農業土木学会：改訂5版農業土木標準用語事典，(1992) p.85.
2) 農業農村工学会：改訂七版農業農村工学ハンドブック，(2010) p.486.
3) 農林水産省監修：水管理制御方式技術指針（計画設計編）農業土木機械化協会，(2013) p.674.
4) 緒形博之編：水と日本農業，東京大学出版会，(1979) p.106.
5) 前掲4)，p.144.
6) 農用地開発公団：水管理技術研究会報告−東南アジアにおける水管理技術開発についての提言−（第1章水管理技術開発の意義と重要性），(1987) pp.1-3.
7) United States Department of the Interior Bureau of Reclamation: Canal Systems Automation Manual Volume 1, A Water Resources Technical Publication, (2001) pp.6-8.
8) 前掲4)，p.145.
9) 緒形博之：農業水利学，文永堂，(1978) pp.143-145.
10) P. Ankum: Operation Specifications of Irrigation Main Systems, ICID 15th Congress The Hague, Q.44 R.11, (1993) pp.119-129.
11) 前掲4)，p.109
12) 中　達雄・常住直人・桐　博英・小林宏康・加藤　敬：頭首工の取水管理の高度化および取入口計画・設計のマニュアル化に関する研究，農業工学研究所技報第200号，(2002) pp.75-96.
13) 農林水産省農村振興局：土地改良事業計画設計基準・設計「頭首工」基準書，(2009) pp.6-7.
14) 農林水産省農村振興局：土地改良事業計画設計基準・設計「頭首工」技術書，(2009) pp.596-597.
15) 石野捷治・関谷　剛・田中　順・玉木寛一郎：下流側水位によるスルースゲートの自動操作について−水理実験，現地試験，数理モデルによる検討−，農業土木学会誌42 (6)，(1974) pp.363-370.
16) 鈴木孝一：香川用水地区の水路施設管理について，水と土，No.95, (1993) pp.72-80.

第5章　水路システムの配水管理

5.1　はじめに

　水路システム内の分水工と分水口は，最大用水時（ピーク時）を対象に施設設計されるが，末端配水ブロックへの用水の配分などの実際の運用，操作の場面では，中間流量時（オフピーク時）や渇水時の配水操作計画を決定しなければならない．

　第4章で見た水路システムの供給主導型および需要主導型などの水管理方式を具体化するために水路の送水のための流量制御方式の他にこれらに対応して，分水工（口）において，どのように用水を配分するかを具体的に計画する必要がある．これらの操作仕様は，幹線水路システムや分水工（口）の計画・設計に対する仕様となる．また，水利用者への利便性や農業生産の向上にも多大な影響を及ぼす重要な設計条件である．本章では，分水工（口）における流量制御の根拠となる配水の考え方，配水計画とその分水工（口）における配水のための分水制御について考える．

5.2　配水の考え方

　配水の考え方は，分水工（口）などにおいて水利用者が用水の配分を受けとる時間とその量に対する自由度により，①ローテーション（輪番・計画型，rotation delivery），②スケジュール（調整型，scheduled delivery）および③デマンド（需要型，demand delivery）に分類されている[1]．これらの配水の考え方は，次に説明する配水計画方式とともに幹線水路システムの重要な運用操作基準となる．ローテーションは用水供給側で計画的かつ制限的な配水が可能であり水路システムの需要に対する応答性を確保する必要性は少ない．一方，デマンドは，下流の用水需要要求に対する水路システムの応答性が要求される．スケジュールは，需要側からの用水の申し込みおよび供給の調整など供給側とのコミュニュケーションが介在する考え方である．

　ローテーションの配水は，供給側の水管理の下に分水工（口）地点での配水を水利用者間で輪番させるものであり，たとえば，幹線水路から支線水路

5.2 配水の考え方

への配水を幹線水路の左右岸や上下流に区分しブロックごとに配水時間や配水操作を輪番させる考えである．一般には，灌漑期間内で1週間ごとで配水日を受益面積に比例して割り当てる場合が多い．個々の水利用者にとっては，水利用が可能な日が制限されるなどその利便性が低い．また，各水利用者は水利用の秩序を遵守しなければならない．この配水の考え方は，末端配水ブロックの支線水路においての水利用者間の配水運用・管理に利用されることも多い．本配水の考え方は，供給主導型水管理方式に対応するものである．

スケジュールの配水は，事前（2～3日前）に水利用者が希望の配水日時とその量を供給者へ申し込み連絡を行い，その後，供給者がその用水の総量をまとめ，水源や気象状況などから各分水工（口）地点での配水量を計画し管理運用する考えである．本配水の考え方は，半需要主導型水管理方式に対応する．

デマンドの配水は，水利用者が必要な時にいつでも水路システムから水を利用することができる考え方である．なお，本考え方では灌漑期間内での瞬時の最大配水量と総配水量の上限は存在することの認識が不可欠である．デマンドの考え方は，水利用者にとって最も利便性が高く農業の水利用の経済的な価値も高いものである．農地や作物の状態に合わせ，適時な灌漑期間と適切な用水量で用水が利用可能なことから農業の生産性を高める灌漑の効果も大きい．このことは，作物の生育を早め，灌漑期間の短縮による水管理労力の節減および雑草の繁茂や病虫害の発生の防止に有効である．

一方，本方式の配水の考え方を原則にする場合，水路システムの水理・水利用機能として水位・流量制御性，分水制御性，水路内貯留性，分水均等性，配水弾力性などの高度な機能や性能が要求される．本配水の考え方は，需要主導型水管理方式に対応する．

これら3つの配水の考え方の比較が，アメリカ開拓局のマニュアルで紹介されている[1]．これを表5.1に示す．本表は，開水路形式の水路システムを想定し，スケジュールの配水を中央値に据えて，各配水の考え方の水利用などの特性を比較したものである．なお，水路システムの中では，これらの配水の考え方を組み合わせていることが多く，これにより水路システムの建

設，運用および維持管理コストを最小化することが可能であり，また，水路システムの目的の達成に寄与すると解説されている．

表5.1 配水の考え方の比較表[1]

検討事項	ローテーション	スケジュール	デマンド
1. 水路システム運用の簡便性	容易	普通	困難
2. 水路システムの制御システムの複雑性	単純	普通	複雑
3. 水路システムの建設コスト	低い	普通	高い
4. 水利用の効率化	低い	普通	高い
5. 水利用者の利便性	低い	普通	優れている
6. 灌漑の柔軟性	低い	普通	高い
7. 農作物の生産性	低い	普通	高い

5.3 配水計画方式

配水計画（delivery schedule）の主要な内容は，①配水量（delivery flow rate），②配水回数（灌漑回数：irrigation frequency），③配水継続時間（日，時間単位：irrigation delivery duration）である．また，水利用者が作物の栽培管理上用水を必要とするときに供給が可能となる適時（timeliness）であることも必要である．

配水計画方式は，水路システムの水管理方式に対応して，①需要主導型配水方式（demand schedule），②半需要主導型配水方式（arranged schedule），③供給主導型配水方式（central system schedule）に分類できる．表5.2に水管理方式に対応した配水計画方式の分類を示す[2]．

(1) 需要主導型配水方式

本配水方式の中の完全需要主導型は，デマンドの配水の考え方を基本にするもので水利用者にとって利便性が高く最も弾力的な方式であり，システムから制限を受けずに用水を受け取ることが可能である方式である．年間365日給水を受けられる上水道システムはこの方式を保障している．しかし，農業水利の場合このような理想的な配水方式は現実的ではなく，特に水田の場

5.3 配水計画方式

合，末端ブロックにおいて，不均等配水や管理用水を生じやすく，また，調整機能の拡大が必要になるなど施設建設コストも高価となる．このため，最大配（分）水量や一日の中での配水時間などに施設設計上あるいは，供給側の操作により制限を加える現実的な需要主導型配水方式を採用する必要がある．ハード的な対応としては，タイマー付分水工（口），定量分水工（口）や過剰分水防止式可変分水工（口）などの導入が考えられる．

また，ソフト面としては，供給者が水利用者に対して配水方式の内容について情報提供し，理解を得ておくことが必要である．表 5.2 の中の最大流量制限とは，計画最大配水量以上の過分水が行われないように何らかの制限を行うことを意味する．

表 5.2 配水計画方式

配水計画方式	制約条件	配（分）水量	配水回数	配水継続時間（日・時間単位）
需要主導型配水方式	完全需要主導型	制限無し	制限無し	制限無し
	最大流量制限型	最大流量制限（供給側）	制限無し	制限無し
	配水回数・時間調整型	最大流量制限	供給側と需要側間で調整	配水時間設定
半需要主導型配水方式	調整型	供給側と需要側間で調整	供給側と需要側間で調整	供給側と需要側間で調整
	最大流量制限型	最大流量制限	供給側と需要側間で調整	供給側と需要側間で調整
	制限型	供給側で操作	供給側と需要側間で調整	供給側で操作
供給主導型配水方式	制限型	最大流量制限	供給側で操作	供給側で操作
	中央管理型	供給側で一定操作	供給側で一定操作	供給側で一定操作

文献 2) ASCE マニュアル p.36, Table 2 より作成

図 5.1 に示す配水計画表は，水田への用水ポンプにおいて，1 日の間のポンプの運転時間を 24 時間から 12 時間へ期別に変化させることにより，分水口（給水栓）において配水時間を設定した配水時間調整型の需要主導型配水方式の地区事例である．一般には，代かき期には，24 時間の用水供給を

保障し，普通期には，一日の運転時間をたとえば，朝方7時から夕方19時までの12時間に調整している場合が多い．この普通期の需要主導型方式は配水時間の設定型に対応している．

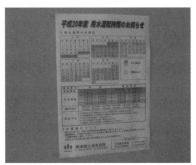

図5.1　配水継続時間が制限されている用水ポンプ運転の地区事例

(2) 半需要主導型配水方式

水利用者からの要求の集約や供給者と水利用の代表者との協議調整により，配水方式および配水量を決定するものである．したがって，配水操作あるいは給水において2〜3日の時間遅れ (lead time) が生じる場合がある．図5.2は実際に半需要主導型水管理方式および配水方式が行われている地区の当日の配水計画を示したものである．取水量と各地点の幹線流量，および分水工（口）流量が供給者により計画されている．

図5.2　半需要主導型水管理方式による配水計画の事例（愛知県矢作川地区，1980年代後半）

(3) 供給主導型配水方式

供給者が配水方式を主体的に決定するものであり，供給者には末端の水需

要を適確に予測する能力が必要となる．また，供給主導型水管理方式の適用範囲内全体を供給配水管理する必要があり，中央管理方式（central control）となる．このため，管理労力やテレコントロール／テレメータ（TC/TM）などの水管理機器の整備が必要となる．

　この管理は実操作においては，先の（2）半需要主導型配水方式においても同様に実施されるものである．この他に，主に供給主導型配水方式の中で，渇水時などには，先に述べたローテーションの考えに基づく，たとえば3日通水，4日断水などの間断方式や配水日を各分水工（口）ごとに設定する輪番方式（rotational irrigation）などが導入される場合がある．輪番方式では，配水ブロックを幹線水路の上下流で区分したり，幹線水路の左右岸の分水工（口）で配水日を設定するなどの方式が適用されている．なお，輪番方式は平常時の送配水管理においても実施されている地区もある．

5.4 分水制御方式

　分水工（口）地点における水理学上の分水制御方式は，下記の5つの形態に分類できる[3]．

①定比分水（fixed proportional flow）

　1次および2次水路から流量を一定比率で分水し，連続的に配水する方法である．具体的分水工構造として，背割分水工，射流分水工および円筒分水工などがある．

②間断分水（intermittent flow）

　分水工（口）ゲートを全閉・全開（ON-OFF）にすることにより，計画最大流量を間断的に配水する方法である．

③可変定流量分水（varied constant flow）

　分水工（口）において，分水量を制御・計測することにより，ある制御範囲内で定流量を連続分水する方法である．自動弁形とオープンスタンド形があり，流量制御弁やフロートバルブなどにより，各定流量設定値は，段階的に操作可能であり可変である．

④上限付可変流量分水（limited to maximum flow and varied flow）

　任意に分水量を操作可能にする分水方法である．なお，分水量の上限は供

給者が定量化することができる．
⑤可変流量分水（unlimited flow）
　流量0から水理的，施設容量的に可能な分水量までの範囲を操作可能な分水方法である．具体的分水工構造は，スライドゲート，バタフライバルブなどである．
　①，②，③の分水方式は，供給主導型水管理・配水方式において，供給者が主体的に分水を管理する場合に適用される．分水量の制御については，特に水田灌漑の場合，管理者の長年の経験と知識が重要となっている．④の分水方式は，需要主導型水管理・配水方式において，需要者が分水を管理する場合に適用されるが，水利権水量，貯水容量および施設容量の範囲での規制が必要である．一般に供給者により分水時間（時期，期間）と上限分水量に制限が加えられることが多い（最大流量制限型）．⑤の分水方式は，需要主導型水管理・配水方式では，調整容量を超過する分水を生じやすく，また，供給主導型では制御誤差が大きく，特に高圧のクローズドパイプライン系では分水量制御のためのバルブ開度操作に経験を必要とする．また，実管理において，特に下り勾配のクローズドパイプラインでは，この管理が粗放化されると不均等配水などの水管理の混乱などの要因となる．

5.5　開水路における分水制御[4]

　可変流量制御の分水工（口）地点における流量配分制御の基本機能は，①水位調節，②流量制御と③流量計測に分けられる（図5.3）．下流が開水路であれば，分水工（口）の操作により，下流の用水需要量を分水路へ操作人が流し込むことができる．
　水理学的分水制御方式には上流水位制御方式と下流水位制御方式の2つの型式がある．上流水位制御方式は1次，2次水路などの幹線水路システム内において，分水工（口）の上流（前面）水位を調整施設により一定に調節し，支線水路側に設けられた流量調節装置（一般にスライドゲート）により流量を制御し，計測する．この場合，スライドゲートは自由流出とし上流水位とゲート開度により目標流量を設定制御する（図5.3 (a)）．下流水位制御方式は支線水路の始点に設けられた水位調整ゲートによって，その下流（背

面)水位を一定にし,分水工(口)の下流で流量制御する方式である(図5.3 (b)).わが国では,水路の分水に利用される事例は少ないが,取水管理上の流量制御に利用されている事例がある.ゲートは,後で述べるアビオゲートが適用されている(図5.6).

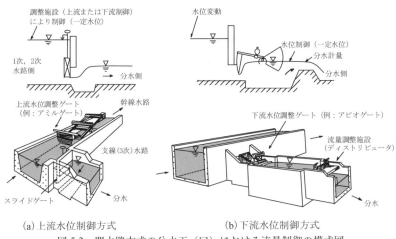

(a) 上流水位制御方式　　　　　(b) 下流水位制御方式

図5.3　開水路方式の分水工(口)における流量制御の模式図

(1) 水位調整ゲート

水位制御は,調整施設(チェック工)によって行われる.ここで利用される水位調整ゲートの機能は,すべての流量に対して,ある水位(目標値)を維持するものである.手動の水位調整装置として,よくスライドゲートやラジアルゲートが用いられる.少流量時には,ゲートはほぼ閉塞し,最大設計流量時には,ゲートは水面上へ引き上げられ損失水頭が生じない.流量を固定された比率に分けるような定比分水制御においては,水位調整は行う必要がない.自動の水位調整も農業水利分野では,広く利用されている.自動の水位調整の構造は,次のグループに分けることができる.

①可動部分のない越流構造

事例として,越流部を長く確保した斜長堰(図5.4)やカモノハシゲート (duckbill weir) を挙げることができる.これらは,自然調節の上流水位調整施設として,長く利用されてきている.水位操作のための可動部がないこ

とから設計は簡単である．しかし，水位制御の設定精度はそれほど高くなく，完全越流を確保するための水頭配分（損失水頭）が必要となる．なお，堆積土砂の排除などの維持管理用のスライドゲートが必要である．

図 5.4　斜長堰の例（上流水位制御方式，旧矢作川地区）

②無動力（水力）式ゲート

戦後，わが国へ導入された上流水位制御の例としては，最大流量時に損失水頭が生じないカウンターウェイトにより作動するフランス製のアミルゲート（無動力上流水位一定制御ゲート，図5.5）などが有名である．アビスゲート（無動力下流水位一定制御ゲート，開水路型）とアビオゲート（無動力下流水位一定制御ゲート，オリフィス型，図5.6）は，わが国では頭首工の取入口に一部利用されているだけであるが，世界的には水路の下流水位制御（第6章）の自動調整施設として広く普及している．

図 5.5　幹線水路の水位調整に用いられるアミルゲート（下流より）

5.5 開水路における分水制御

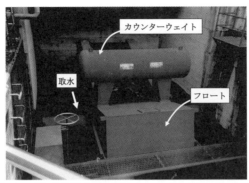

図5.6 定量取水工の下流水位制御に適用されているアビオゲート(香川用水地区取水工,下流より)

③手動および自動制御方式の調整ゲート

事例としては,動力スライドゲートおよびラジアルゲートがある.この調節は,手動制御による高精度の水位制御は困難である.一方,自動制御では上流水位やゲート開度の変化によるゲート流量係数の変化やゲートの安定性の確保が課題となる.

図5.7 ラジアルゲート(上流水位制御方式,下流より)

(2) 流量調整施設

流量調整施設は,一つの水路から他の水路へ流量を配分調整する施設である.これらは,灌漑地区の頭首工地点から分水工(口)まで,多様な地点で利用される.流量調整の最も簡易な型式は,定比分水制御における背割堰である.分水施設は,幹線水路と分水路と同様な越流型構造から成り,幹線水

路から一定値の流量を分水するものである．

スライドゲートは，多様な流量を供給するための流量調整施設として，よく利用されている（図5.8）．ゲートを部分的に閉塞すれば少ない流量が分水され，大容量を分水する場合には，ゲートを開放することにより分水可能である．また，スライドゲートは，全閉・全開（ON-OFF）機能のみによる間断配水のための流量調整施設としても使用される．下流制御方式の分水工ではディストリビュータ（図5.3（b））などが利用される．また，近年では水位調整機能と一体化した可変定流量分水工（口）も実用化されている．

図5.8　幹線水路からのスライドゲートによる分水口の例
（開度を調整するハンドル部は，供給者の管理のため，外されている）

(3) 流量計測施設

一般に，流量計測は制御するゲートなどから下流に一定の距離に離れた位置で実施されるべきである．流量計測施設の選択には，多くの要素が係わっている．基準として水理学的に，水頭損失および越流式かオリフィス式かの考慮が関係するが，この他に浮きゴミや土砂の流送能力および維持管理コストが関連する．図5.9に示す越流堰による計測は，越流部の目視確認が容易にでき配水管理がしやすい．

5.6　下流がパイプラインの場合の分水制御

幹線水路が上流流量制御方式（第6章）であり，分水工（口）下流が下流流量制御方式のパイプラインの場合で，分水工（口）が調整池を介さず，直接クローズドパイプラインに接続している図5.10に示すような形式につ

5.6 下流がパイプラインの場合の分水制御

図 5.9 分水口の吐出口における流量計測（越流水深で計量が可能）

いて考える．本型式では下流の配水末端ブロックの分水栓（給水バルブ）の操作が行われない限り，分水が行われないため，供給側での分水操作（たとえば分水増）が主体的に行えず，分水量の確認作業ができないことが供給側の管理者からの課題となる．具体的には，下流がクローズドパイプライン化された分水制御では，実際の用水需要は下流の給水栓バルブを3次水路を管理する単区土地改良区の操作人あるいは，水利用者が開けない限り発生しない．半需要主導型水管理方式では，予めその分水工（口）への計画配水量（予測最大需要量）が決められており，供給側はこれを満足させるように操作管理する必要がある．

この水管理方式において，分水口下流が開水路またはオープンタイプパイプラインであれば，分水工地点で支線水路へ供給者がこの計画配水量を流し込むことによる水路の上流流量制御での分水管理が可能である．しかし，下流の3次水路がクローズドパイプライン化されていれば，この分水管理の方法として，次の制御方式が考えられる．計画されている接点分水口では，水理学的には申し込まれた計画最大配水量以上の過分水が生じないように越流堰により流れの不連続点を作り，この越流水深もしくは越流幅を調整することにより，供給者が段階的に最大流量を制限する制御システムが必要である．

申し込み水量を下回る需要しか発生しない場合は，潜り越流による分水流下となる．さらに，降雨などが発生し需要が発生しない場合にはフロート弁などにより，分水が自動的に停止することになる．このため，この地点で上

流制御の幹線水路システムでは上流から送水した配水量が余剰用水となる．この余剰用水量を節減するために幹線水路系において，即座に頭首工で取水量を減じることは不可能なため，水路内貯留量も含め，これを地区内の中間に位置する調整池へ貯留する必要がある．このため，頭首工から取水した用水を需要に見合うように配水し，かつ，実需要がこれを下回る場合には，この用水を調整池へ導水し，貯水する一連の用水管理操作が重要となる．また逆に，需要が発生した場合には，計画配水量を即座に中間調整池などから供給しなければならない．以上の操作を円滑に実施するためには，リアルタイムでの中間調整池の活用が有効である．

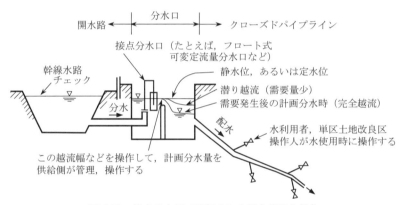

図 5.10　接点分水口で予想される配水状況と操作

5.7　分水量制御の精度

配水方式を検討する場合には，必要となる実用的な分水制御の精度を見極めておくことが重要である．農業用水の実際の分水管理では，管理者の長年の経験と知識による管理が機能しており，過度に分水精度を向上させる必要性は少ないと考えられる．ここでは，分水工（口）における実用精度について考える．まず，流量計測機器である流量計の精度は次の通りである．

幹線水路の計測システムとしては，H-Q曲線を用いて水位計による間接的計測および開渠式超音波流速計が一般的に使用されている．H-Q曲線の精度は 5〜7％程度と見積もられている．流量計測の誤差については，水管理制御方式技術指針（2013）[5]によれば，管水路の場合，電磁および超音

波流速計の誤差は，±1.5％（FS）以下であり，満流条件が保持されていれば流量の変化に対して流水断面積は変化しないことから，高精度の流量計測が可能である．一方，開水路については，現在一般化されている開水路式の超音波流速計を用いた流量計についても±3.0％（FS）の誤差があり，管水路型と比較して2倍程度精度が低い．一方，開水路型の分水口で利用が考えられる四角堰および三角堰などの堰式流量計の精度は±1.4～±1.5％（FS）であり，管水路と同等な精度を有している．しかし，完全越流を保持するための水頭損失を伴うため，有効落差の確保など適用される条件が限定される．

一方，パイプライン型の分水工（口）については，電磁および超音波流速計が導入されることが多い．しかし，一般にすべての分水口に設置されるのではなく，分水把握率などから判断して中央から監視，制御する主要分水工（口）に限られる．以上の精度は，計測機器からの限界精度となる．

次に，必要精度の下限としては，分水量が制御誤差により配水計画の設定値を下回った場合の地区内の水管理への支障を考える．

ここでは，平成6年度（1994）の全国的な異常渇水時に実施された節水の程度が，地区内でどの様な水管理上の影響を水路システムに与えたかを調査した結果を表5.3に示す[6]．本表から期別の通常の計画配水量に対する節水率が15％以上になった時点から水管理労力の増大，送配水量の調整などの渇水の影響が出始め，その年の6月中旬から実施された25％～35％の節水率の実施時点から，輪番灌漑や支線水路では，2日通水・1日断水または，1日通水・2日断水などの節水対策が実施された．したがって，分水量の不足により影響が生じる分水量を基準とすれば，分水量の制御精度の下限は，10～15％程度のオーダーを目標にすべきであると考える．以上のように流量計の精度，水管理上の検討から，試案として分水制御の目標精度は水田の全量給水の場合，±3.0～±10.0％程度，水田補給灌漑，畑地灌漑の場合，±10.0％程度が実用的と考えられる．なお，頭首工からの全取水量については，水利権量を上回る取水は不可能である．水利権量の範囲であれば，全体計画配水量に対して5％程度余裕を持って取水管理している地区が多い．

表5.3 平成6年度の渇水時における愛知用水の節水率と土地改良区レベルの渇水対策および渇水被害との関係

節水率（％） （　）：節水期間	渇水対策	渇水被害	備　　考
5 （6月1日〜 6月7日）	・節水のよびかけ ・1部地区で支線水路レベルの送水量の節減および通水時間の短縮	・被害なし	用水計画上の送水損失水量程度の節水率（5〜10％）
15 （6月7日〜 6月10日）	・地区全体で送配水量の調整	・被害なし	配水管理用水（5〜10％）が加わった節水率（10〜20％）
25 （6月11日〜 6月14日）	・水管理労力の増加 ・細かい分水量操作 ・送配水量の調整の強化	・水田の乾燥 ・薬剤散布不能	純用水量に影響する節水率（20％〜）
35〜45 （6月14日〜 6月24日, 7月5日〜 7月13日）	・水管理経費の増加 ・輪番灌漑や間断灌漑の実施（番水） ・圃場および水路での用水の反復利用（排水利用）	・圃場の水管理など営農労力の増大 ・水稲の作付不能,生育不良	
55 （7月14日〜 8月21日）	・番水などの強化（著しい水管理労力） ・河川および末端排水路からのポンプによる用水補給 ・応急ポンプの購入および不足地への貸出し	・水田に亀裂発生 ・水争いの発生 ・パイプラインへの空気混入	

参考文献6）より作成

参考文献
1) U.S. Department of the Interior Bureau of Reclamation: Canal Systems Automation Manual Volume1, A Water Resources Technical Publication (2001) pp.30-33.
2) 米国土木学会（ASCE）：Management, Operation and Maintenance of Irrigation and Drainage Systems, ASCE Manuals and Reports on Engineering Practice No.57 (1991) p.36.
3) P. Ankum: Operation Specifications of Irrigation Main Systems, ICID 15th Congress, Q.44 R.11 (1993) pp.119-129.

4) P. Ankum: Some Ideas on the Selection of Flow Control Structures for Irrigation, ICID 15th Congress, Q.44 R.66（1993）pp.856-869.
5) 農林水産省監修：水管理制御方式技術指針（計画設計編）農業土木機械化協会（2013）pp.567-570.
6) 中　達雄・常住直人・桐　博英：平成6年少雨気候時における農業用水源施設の異常渇水に関する調査研究，農業工学研究所技報，第193号（1996）pp.47-57.

第6章　水路システムの流量制御

6.1　はじめに

　水路システムの水管理方式とその流量制御（water flow control）には密接な関係がある．第7章で考える水路のシステム設計では，まず，そのシステム内の各水理ユニットに対して第4章で考えた水管理の戦略として，どのような水管理方式を選択・設定するかを決定する必要がある．次に，水管理方式に対応した水路における流量制御と第5章で述べた配水方式などにより，具体的にその水管理方式を実現し，そのための具体的な水路システムの部分と全体の操作，運用方法を決定する必要がある．このため，技術者は，水理ユニットの主体となる開水路およびパイプラインの各水路形式ごとの流量制御のメカニズムや流れの動的特性に精通している必要がある．本章では，水路システムの各流量制御方式について考える．

6.2　水路の操作と制御の概念

　ここでは，水路システムの幹線水路などにおける流量制御について考える前に，その前提となる水路の操作（operation）と制御（control）について，その概念をアメリカ内務省開拓局のマニュアル[1]から整理する．

　このマニュアルの中の該当する記述の冒頭で，操作は配水計画（flow schedule）を規定し，制御は操作を満足させるために水路制御施設をいかに調整させるかを規定することであることを解説している．そして，操作と制御の概念は，水路システムの上流側および下流側の条件に依存しているとしている．なお，配水計画の内容は第5章で説明した．

　送配水計画を実行する幹線水路の操作は，下流部の幹線水路に沿った分水口の用水需要および水源などの上流からの用水供給のどちらかを基本にしている．水路下流部の用水需要を基本にする操作が下流操作（downstream operation），水路上流部からの用水供給を基本にする操作が上流操作（upstream operation）である．この概念は，水管理上では，上流操作が供給主導型（supply-oriented），一方，下流操作が需要主導型（demand-oriented）

の水管理方式にそれぞれ相当する．

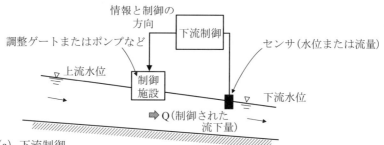

(a) 下流制御

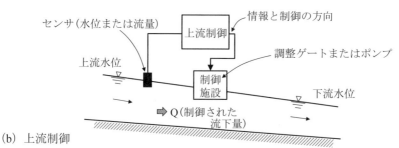

(b) 上流制御

図 6.1　幹線水路（開水路）内の施設に対する下流制御と上流制御の概念図

次に，図 6.1 に示すように水路の制御は，制御施設への関連する制御に必要な情報の発信地点により規定される．下流制御（downstream control）は，下流からの情報を基本に制御施設をなんらかの手段で調整するものである．必要な水利情報は，下流に設置された計測装置や下流の管理者からの用水需要などの情報である．下流制御は，下流の分水口での用水需要を上流の水源や頭首工へ伝達するなど，下流操作と互換性がある概念である．

一方，上流制御は上流からの情報により制御施設が調整されるものである．必要な情報は，上流に設置された計測装置や上流からの送配水計画の情報である．上流制御は，供給側の送配水計画を下流の調整施設，分水工（口）や水路末端へ伝達するなど，上流操作と互換性がある概念である．さらに，上流制御は，排水ポンプにより降雨時に上流から流出する排水を下流の排水先へ排除する制御にも該当する．

ここで説明した操作と制御の互換性を図 6.2 に示す．上流操作と下流制御には互換性がなくこれらを結合させることは不可能である．これは，上流操作における用水の供給意思が下流制御では機能させることができないことによるものである．この組み合わせは，実際の運用面において水路システムの水管理の混乱を招くものとして発生する水管理上の問題事例の典型である．たとえば，上流操作（供給主導型水管理）で構築された水路システムのハードウェアと水管理システムにおいて，実際の運用面において下流の分水工（口）を用水需要者が供給側の送水・配水計画に準拠せずに任意に制御した場合（下流制御される）に，他の分水工（口）に影響を与える結果となる．一方，下流操作と上流制御は，結合させることは可能であるが水管理が不効率となる．この制御には，管理者は常時下流の用水需要と流況をモニタリングし，状況が変化すれば速やかに制御施設を操作しなければならない．このため，重層的な水管理システムの整備や多くの水管理のための要員の確保などが必要となる．このように，水路システムの操作と制御の概念が適合するよう計画設計・運用することが重要である．さらに，以下説明する水路の流量制御方式についても先に説明したと同様に用水の流れに関して上流制御と下流制御の特性があることから，これらとの互換性も保持することが重要である．

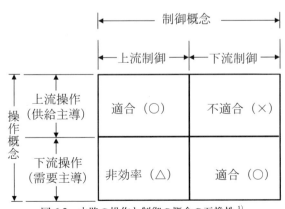

図 6.2　水路の操作と制御の概念の互換性[1]

6.3 開水路の流量制御方式の種類

　開水路の送水・配水における流量制御方式は，わが国では分水比を固定化する①比例流量制御（proportional flow control）および調整施設を設置し，この動作により水路プール内の水位を積極的に制御する②上流水位制御（upstream water level control）や③下流水位制御（downstream water level control）が知られており，これに加え欧米では，④貯留量制御（図6.11）などが実用化されている[2,3,4]．

　これらの方式の特性は，水路システムの水管理方式と水路内の流況の応答時間（the response time）または，用水到達時間（the arrival time）および用水の送水・配水上で発生する操作損失水量（the conveyance operational losses）の主な3つの要素の分析から明らかにできる．

　下流水位制御と貯留量制御は，システムが自律的に新たな均衡状態に収束する自律管理（self management）下にある．応答特性と操作損失量の両者は，水路内の貯留形態に関係する．下流水位制御（図6.3）および貯留量制御では，用水として，下流に位置する分水口より直ちに水路区間内の貯留量を水利用者が利用できる．そして，上流からの送水が自律的に行われる．この性能は，その上流始点部に調整容量を有する管水路におけるクローズドパイプライン系と同様である．一方，上流水位制御（図6.4）のようなシステムでは，上流からの取水・送水操作がゆっくりと下流へ伝播し，定常状態に到達するまでに止水時の水面（静水位）の上部に形成される水路内貯留量を満たすことがまず必要となる．なお，水路システムの応答時間とは，水路システムに何らかの操作が行われて，これが以後定常的に継続された場合，システムがこれに応じ，定常的流況に変化するまでの時間である．この水路内貯留は，その縦断形状から楔貯留（wedge volume）ともよばれる．水路内の用水到達時間とは開水路の比例流量制御および上流水位制御方式において，上流端で操作された流量の下流への応答時間を示す概念である．したがって，下流水位制御方式では分水口で用水を即座に分水可能であるため需要側と供給側間の用水到達時間の概念は存在しない．なお，下流水位制御方式では当然下流の操作が上流端の頭首工または，調整池まで伝播し，次の定常流況に至るまでの先に述べた応答時間は存在する．

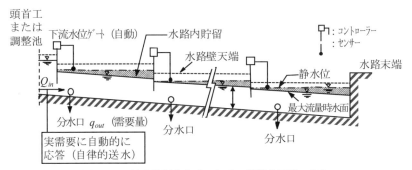

図 6.3 下流水位制御方式における縦断水面形の変化

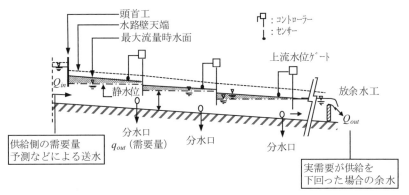

図 6.4 上流水位制御方式における縦断水面形の変化

6.4 開水路における用水到達時間と操作損失[3]

岩崎は，水路システムの用水到達時間を次のように定義している．

「ある流量 Q_0 が流れている定常流況の水路系を考えると，用水の増減後の流況は取水口において ΔQ なる流量の増減が行われ，最終的には，$Q_n = Q_0 \pm \Delta Q$ の流量が定常的に流れることになる．この初めの定常流況から，後の定常流況に至る過渡的な水理現象の発生する時間が，用水到達に要する時間である」[5]

開水路では，水路区間内で操作損失水量が発生する場合がある．これは，上流水位制御方式の開水路の用水到達時間に起因するものであり，先にも述

6.4 開水路における用水到達時間と操作損失

べたように一般に下流水位制御方式では存在しない．水位調整施設を有しない開水路でこの概念が明確に説明できる．用水需要の変化に対応した流量変更時の流量制御方式の性能は，独立した水路区間で図 6.5 により説明することができる．水管理方式としての半需要主導型水管理方式において，需要の要請などを受けて，下流地点 R2 の場所の流量（配水量）を Q_o から新しい定常状態である Q_n へ増加しなければならなく，またその後に，用水の申し込み期間に応じて再び Q_o に減少させる上流地点 R1 での取水・送水操作を仮定してみる．R2 における流量のこれらの変化は，R1 の場所で流量を変化させることにより達成される．水位調整施設が水路区間になければ，R2 地点の流量変化は遅れが生じ，また時間効果が生じる．

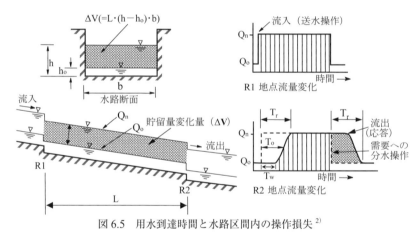

図 6.5 用水到達時間と水路区間内の操作損失 [2]

R2 における初期流量変化は，水路区間（L）の波（波動）の到達時間（T_w）に一致し，式（6.1）に従う．

$$T_w = \frac{L}{c+v_o} = \frac{L}{\sqrt{gh_o}+v_o} \tag{6.1}$$

ここで，T_w：波の到達時間（s），c：波速（m/s），h_o：Q_o 流下時の水深（m），v_o：Q_o 流下時の流速（m/s），L：R1 から R2 の水路区間の距離（m），g：重力加速度（9.8m/s^2）

この波の到達時間（T_w）は，R2 において，上流で，ゲート操作などの実行された何らかの変化の単に時間遅れを決定するものであり，新たな定常状

態を得るために必要な用水到達時間（応答時間）を決定するものではないことに留意する必要がある．

　水路システムの応答時間は，先の定常状態（Q_o）から要求される定常状態（Q_n）までのシステムに要求される時間である．水路区間の応答時間のオーダーは，水路延長が長い場合には波の到達時間とは等しくなく，これは式(6.2)に示す水路内貯留変化量（ΔV）を流量変化量（$\Delta Q : Q_n - Q_o$）が満たす時間，すなわち，貯留変化に基づく特性時間（T_o）となる．

$$T_o = \frac{\Delta V}{\Delta Q} \tag{6.2}$$

　さらに最終的に定常状態になるまでの時間 T_r（用水到達時間）を正確に把握するためには，第3章で説明した開水路の基本式による不定流解析などが利用される．

　操作損失の観点からは，R2地点の流量増加・減少に一致して（流出応答），分水量操作が実施されれば操作損失は生じないが，実際には調整池が存在しない場合，需要操作が分水停止に進めば少なくとも図6.5の▨▨の大部分が操作損失水量（operational losses）となって，下流余水工などから無効放流されることになる．

　水路区間内の操作損失は，流量増加時には発生が少ないが，しかし，用水需要が停止した後に流量を減少する場合，または，水路区間を空にしなければならないときには大量の操作損失水量が発生する．水路内貯留量（ΔV：in-line canal storage）に等しい量が損失となるわけである．比例流量制御や上流水位制御では，この水路内貯留量は，流量増加に従って水位が上昇するため，負の貯留量（negative）となり，これは操作損失水量となる可能性がある量である．

　これに対して，下流水位制御のように，下流で分水操作が行われ，送水流量が自律的に増加するに従い，水位が低下するとき，その貯留量が下流で水利用されることが可能であることから正の貯留量（positive）となり，水路内で水量が貯留され調整機能が発揮される．本方式では，止水時（静水位）が最高水位（HWL）となる．下流の分水操作が停止すると自律的に用水がこの正の貯留域に貯水されることになる．

6.5 開水路の流量制御方式

水路の流量制御方式は，設計流量によって決定された施設容量により設計される．そして，中間流量および止水時には，分水の安定性や操作損失を防止するために調整施設（チェック工）によって水位を制御する必要がある．これが，調整施設を必要とする主な理由である．水路の流量制御方式は，調整施設の特性と水路形式により特徴づけられる．また，水路システム内の有効に機能する地点に流量制御や用水の需給調整を行う調整池を配置することにより，格段に水利用機能が向上する場合がある．ここでは，各流量制御方式の水管理特性について整理する．

(1) 比例流量制御方式（Proportional flow control）

幹線水路における比例流量制御方式は，水路内に調整施設（チェック工）が設置されていない最も簡便な古くから存在する制御方式である．幹線水路システムにおいて，分水の何ら管理も必要とせず，また適正な一元管理が不可能な場合には，選択されるべき方法である．供給者は分水地点で分配水量を操作する必要はなく，上流端にある頭首工地点で下流の全体需要量を満たすのに不足しない流量を流し込めばよいわけである．分水地点では，背割分水工（図 6.6）や射流分水工などの定比分水工により上流からの流量が比率的に自然に分配水される方式である．

図 6.6　背割式定比分水工の例（スライドゲートは制水用である．非灌漑期）

日常の分配水操作は不必要ではあるが，ゲートなどは分岐点などで期別に分水比率を調整・制御するために必要となる．他に，常流の状態で分水する

場合には，分水工（口）の下流水位が分水比率に影響する．たとえば，これは，水路維持管理のために水路粗度が変化するなどで発生する．分水工下流に落差がないなどの水路勾配が緩やかな低平地の水路の分水においては留意が必要である．用水到達の面では，図 6.7 に示すように本制御方式は頭首工（R1）などでの流量増加に対して，下流の分配水地点（R2）で長い応答時間を必要とする．新たな定常状態に到達する前に，まず，水路内貯留量を充足させる必要がある．新たな定常状態までの過渡時の間は，このシステムは上下流間における比例の機能は何ら働かなく，上流側の水使用者の方が早く流量を利用することができる．一方，下流端の使用者は，流量減少時には有利である．

なお，水路側部に可変流量分水口などの定比分水工（口）以外の分水の必要がある場合には，仮設の角落を水路の横断方向に設置し暫定的な分水位を確保する水管理が必要となる．また，この管理を送水量を増量することにより分水位を確保することも行われ，通称"げた水管理"とよばれ，かなりの量の管理用水が必要になる．この管理用水は，下流の放余水工から放流されることになる．したがって，農業水利の近代化や水管理の効率性と水資源の有効利用の観点からは，改善する必要性が高い水管理方式である．

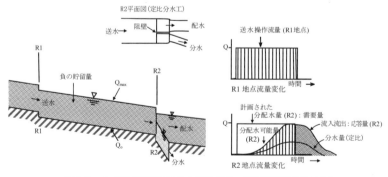

図 6.7　比例流量制御方式の操作特性（流量制御施設無し）

(2) 上流水位制御方式

比例流量制御方式は，分水地点における分水比が固定化されているため迅速にかつ効率的に下流の用水需要に応答する弾力性はない．したがって，分

水流量のより積極的な調整の必要性が生じる場合の解決策は，分水量の調整を可能とするために定比分水工に水位調整ゲートを設置することである（図6.8）．

図6.8　無動力の上流水位一定調整ゲート（下流より）

図6.4で示される上流水位制御方式は，調整施設が水路の流量を制御するものではなく，その上流側の水位を一定に維持するものである．事前に供給者が判断した用水需要量もしくは，水利用者からの用水要請を把握するなどして立案した配水計画に従って，水路の中間および末端への用水到達時間に基づき，無効放流が生じないように流入量（上流からの水路送水量：Q_{in}）と調整施設の上流に位置する分水工（口）の分水量（q_{out}）を計測し，計画的に操作すべき供給主導型水管理方式に適用するシステムである．このため，すべての分水工（口）に対して，供給側の一元的な中央管理（central management）が必要となり，水管理要員の配置や遠隔監視制御システム（TC/TM）の整備などの水管理制御設備のコストも高価となる．

前述したように送水・配水管理者（供給者）は，すべての末端配水ブロックへの用水供給量やすべてのシステムを通した合計流量についての送水・配水計画を事前に決定しなければならない．

さらに，上流水位制御方式は用水到達時間（応答時間）および操作損失水量の問題を水管理上解決しなければならない．

図6.9で示される調整・分水地点R2での流況は，上流水位制御方式の操作上（performance）の問題を最も単純に説明するものである．配水問題を単純化するために，単一のプールにおいてシステム全体の送水が停止された

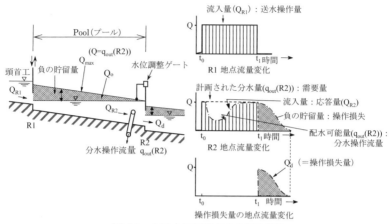

図 6.9 上流水位制御方式の操作特性

状態から上流端より第1番目（R2地点）に位置する調整施設の上流にある分水工（口）で用水需要が発生したため，頭首工からこれに必要な用水を送水（供給）する場面を考える．送水と分水が同時に行われる場合（t_0 で分水・送水開始，t_1 で分水・送水停止），R2 では，予定された用水（分水操作流量）は，頭首工から送水される用水が到達する以前のごく初期の段階では静水状態の水路内貯留水から利用できるが，水路内の水位が低下すると，ただちに分水量は低下する．もし，R2 下流への用水需要のために下流へ配水が行われている流況では，この分水操作分，下流の分水工（口）への配水量が減少することになり，下流の水利用に影響する．R2 に上流からの水位変動が到達した後にのみ，上流からの送水操作の影響（用水到達の状況）が感知される．水路内貯留（負の貯留量）が満たされてから，下流の用水需要を満たす用水が送水される新しい定常状態に達する．応答時間の影響は，水路内の水位調整施設の適用により軽減されることができる．これは，小流量時でも水路内に高水位が維持されるためである．したがって，比例流量制御方式に比較して負の貯留量が減少し，同時に操作損失水量も減少する．需要が減少する場合を考えれば，分水が停止されたと同時に送水が停止されても，負の貯留量を処理する必要があり，水位調整ゲートは開放され，下流への送水量（Q_d）が操作損失量となる．その後，上流からの送水量が減少し（負の用水

到達時間),分水口地点の幹線水路水位を目標水位に維持するために水位調整ゲートは,全閉される.なお,上流水位制御方式の用水到達時間(応答時間)と水路操作損失の両者が,調整池(regulating reservoirs)の適用によって解決されることが可能である.図6.9に示すR2地点などの予定される分水流量が必要とされる場所に,このような調整池が設置されるべきである.そして,上記の操作損失量は調整池に貯留することが可能であり,流量の増加の必要なときに貯留水は放流されることになる.調整池は,少なくとも目安としてその上流水路部分の負の貯留量と等しい容量を持つべきである.調整池は存在するだけでは機能しないため,下流へ流下流量を配水するための操作を必要とする.

　揚水施設(ポンプ)などが必要のない維持管理上経済的な運用を行うためには,幹線水路内に十分な有効水頭の確保の検討も必要である.一方,水路事故が生じた場合,本制御方式では頭首工取入口ゲートを閉塞すれば事故地点までの調整施設(チェック工)は自動的に閉塞するため,水路システム全体を送水停止させなければならないなどの緊急時の操作面で有利である.このことは,上流端のゲートにおいて供給側が一元的に水路システムの全体を操作できる上流制御の特性を有していることを意味する.

(3) 下流水位制御方式

　下流水位制御方式は,調整施設の下流の水位を一定に維持するものであり,システム内のいかなる流量変動も頭首工取入口のゲートが応答するまで,分水口の上流ゲートを自律的に調節する制御システムである.下流の分水口が操作され,分水量が引出されると,水路の水位低下が上流側ゲートに達したとき,その水位低下分を補うためにこのゲートが開き,その反応は比較的ゆっくりとしたペースで自動的に上流端の頭首工取入口まで伝達される.本方式の水路は,分水口から調整池,さらに頭首工まで水理学的な連続性とこれらから用水供給を受ける保障がされ,かつ水位調整施設は自動でなければならない.分水口は,上流水位制御方式のように調整施設の上流に位置するよりは,その下流に設置する.したがって,下流水位制御方式(図6.10)は,上流水位制御方式の応答時間および操作損失の問題を解決する需要主導型システムである.本システムは自律管理型システムであり,自律管理とは,下

流側の分水口操作が行われても水路システム自身で上流からの送水が開始され新たな均衡状態に収れんすることが可能なことを意味する．本制御方式は，上流水位制御方式のように供給側による中央管理を必要としない，主に需要主導型水管理方式を導入する場合に適用される流量制御方式である．

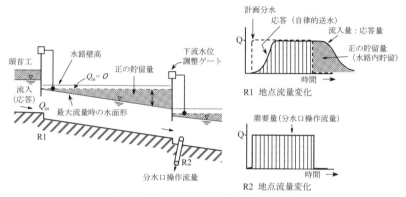

図 6.10　下流水位制御方式の操作特性

供給側は，頭首工からの流入量，分水口の制水弁の操作と調整施設が適切に作動しているかをモニタリングおよび確認するだけである．したがって，本システムは上流水位制御よりも分配水手順が簡単であり，水管理コストを低減することができる．

しかし，下流水位制御方式では，止水（静水）時に水路全体が最高水位になり，水路施設容量が大きく，水路造成はコスト高となる．既存の水路システムに下流水位制御方式を導入する場合には，水路側壁の嵩上げが必要となる．

また，ゲート構造物は高価となり固定堰の適用は不可能であり，無動力あるいは自動の調整ゲートが必要となる．水路内に落差構造物などで水理学的不連続点である限界流が発生すると，下流の変化が上流へ伝達されないため，落差構造物は適用できなくなる．水路側壁高は水平となり，設計流量を等流で流下させる場合は，水路底は上流水位制御方式と同様な勾配を持つことになる．

一方，水路内に大きな貯留量を持つ下流水位制御方式は，水路区間に正の

貯留量を創出できる．この貯留量は，図 6.10 に示すように止水時（$Q_{in}=0$）の水面と最大流量送水時の水面の間の水量となる．これにより，下流水位制御方式は次の 2 つの大きな利点を持つ．

①用水到達時間が無い：下流地点において用水（需要量）は，水路内貯留量により，即座に利用可能である．

②操作損失量が無い：供給と需要の差は，水路内貯留量で貯留される．

なお，水路事故が生じた場合，頭首工ゲートを閉塞しても，調整施設のゲートは閉塞しないため，水路内貯留量の全量が事故地点に流下するため，非常用の放水工に特に配慮しなければならない．本方式は水路勾配が大きい場合，水路壁高が大きくなり水路施設容量面から造成がコスト高となる．このため，低平地などの緩勾配水路で適用が考えられるべき制御方式である．一般に 1/5,000 ～ 1/4,000 程度の水路勾配がコスト的に現実的であるとされている[6]．したがって，代替案として中間あるいは末端下流部に調整池を有する上流水位制御方式の適用がわが国では一般的である．さらに，開水路方式での下流水位制御に代わって，勾配がある程度急な地形では，同じ水理・水利用特性を持つ下流水位制御のクローズドもしくは，セミクローズドパイプラインが採用される．本方式のような複合水路形式は，わが国において多く採用されている．

(4) 貯留量制御方式（Volume control）[7]

貯留量制御は，当初フランスで開発されたものである（図 6.11）．貯留量制御方式は，従来の下流水位制御方式における大きな貯留量の問題，すなわち水路コストの増加を解決するものである．その後，アメリカにおいて，既存の上流水位制御方式の開水路システムを下流水位制御方式に改修する方式として改良された．本制御方式は，その下流部の水路内貯留量が一定になるように調整施設を制御し，水路の中央部に一定水位を設定するものである．分水口は，定水位が生じる地点に設置される．本制御も自律管理型である．すなわち，需要主導型水管理方式で適用されるべき方式である．

貯留量制御方式は自動制御ゲートを必要とする．下流の需要に即座に応答するために水路区間の上流端と下流端の 2 点の水位を同時計測することが必要となる．上下流端 2 点の水位が等しくなればゲートが全閉し，設計流

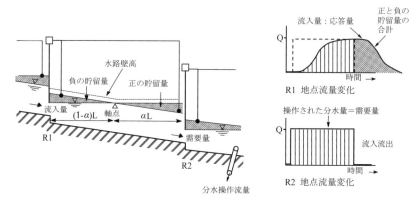

図6.11　貯留量制御方式の操作特性

量に対する上下流水位差が最大になればゲートは全開される．貯留量制御方式は，R1-R2区間の軸点（central pivot point）の水位を上流端の調整施設が制御する．軸点の地点は，図6.11に示されるように下流端の調整施設からの αL の距離に位置する．軸点の位置，すなわち α の値は，負の貯留量が正の貯留量に等しいか，または，少ないかの方法で設計されるべきとされている．

ゲートの調整用パラメータの値は，数値解析による検証が必要となる．上流水位および下流水位制御については，わが国でも多くの解析事例があるが，本方式については，今後技術的評価が必要になると考えられる．

(5) 上流水位制御方式と中間調整池

上流水位制御方式は，主に供給主導型水管理方式において適用されるが，その場合，各分水工（口）は供給側が一元的に管理しなければならない．しかし，現実的な水管理操作として，長大水路において多数の分水工（口）をすべて供給側で管理することが不可能な場合がある．この場合，多くの解決すべき水管理上の問題が生じる．その例は次のようである．

①上流から順番に行う分配水操作に多くの管理要員と長時間の水管理作業を要する．

②上流の分水工（口）において，優先的な操作が加えられると中下流部において，用水不足が生じる．

③上流の分水工（口）において，計画量以下の分水量操作が行われた時には中下流部において，無効放流（管理用水の発生）が生じる．
④分水工（口）の数が多い場合，供給側の分配水に関する水管理労力が多大となる．
⑤現実的な分水操作において避けられない分水誤差が生じると，その下流において用水の過不足の影響が波及する．
⑥分水工（口）の下流がクローズドパイプラインなどの下流制御のシステムが直結している時には，その末端の用水の需要変動による分水量の変動が幹線水路下流での用水の不足と過多の影響として波及する．

以上の水管理上の問題に対し調整池を水路システムの中間に適用することにより問題を解決することができる．次節では，これらの課題解決に有効な調整池の機能について解説する．

6.6 調整池の機能
6.6.1 一般事項

調整池には大別すると，取水量，送配水量と需要量間の調整を図ることを目的とした送配水管理のための調整池（図 6.12）と，供給量と需要量の時間的な差を調整することを主目的とする畑地灌漑におけるファームポンド（図 6.13）がある．水路システムの設計においては，水利用計画，配水方式，水管理方式などを考慮して，その容量を決定しなければならない．

調整池の機能と容量については，パイプライン設計基準[8]に次の通り示されている．なお，以下の機能は開水路系についても適用は可能である．

①需給量差の時間差調整池容量

用水需要の時間と送水時間との時間差水量を調整するための機能で，1日以内の用水の需給時間差水量を調整するもの（例：畑地かんがいにおけるファームポンドなど）．

②需要量と供給量の不均衡を調整するための容量（自由度のための容量）

1日以内の用水の需給水量差を調整するもので，末端水利用における自由度を持たせる．

上記の①，②の機能は水利用計画上，送水時間と配水時間が，それぞれ異

図 6.12　幹線水路内の中間調整池の事例（再整備により容量拡大）

図 6.13　畑地灌漑用のファームポンドの事例

なって設定されている場合に適用できる．

③円滑な送水管理のための容量

　パイプラインシステムを始めとする送水システム全体を，常に円滑に運用管理していくための調整池容量であり，パイプライン管理面では 1 時間程度を限度として以下によるものとする．

a. 集中管理を支障なく行うために必要な容量

　複数の制御対象施設を遠方監視制御する場合に，水路システム全体の流況を把握して，操作を行うための時間に必要な調整池容量である．通常，1 ヶ所当たりの制御操作や調整に数分程度必要であり，制御後の流況を判断するためには 15 分程度は必要であるとされている．

b. 流量制御の対応遅れを吸収するための容量（分水制御誤差への調整）

　集中管理および自動管理されない現場調整の分水工（口）に対して，バル

ブ調整や巡回管理の回数を減らして，配水管理の労力を節減するためのものであり，計画流量に対して，分水工（口）の流量過大に対し放流し，流量過小に対し貯留するための調整池容量である．現場調整の分水工（口）の流量制御の対応遅れは，制御バルブや巡回管理の回数などによって異なり，一概に決定することは困難であるが，対応遅れによって生じる流量過大・過小分は計画流量の 10〜30% 程度生じるようである．

　以上から，監視制御システムとの関係を十分考慮して，1 時間程度を限度とした調整容量を見込み，円滑な分配水管理を行えるよう検討することが望ましいとされている．
④水路の応答遅れを調整するための容量
　上流側が開水路であり下流がクローズド系のパイプラインである複合水路形式において，日または期別の水量変更による流水の到達時間など，管理上の応答遅れ時間分の水量を調節するもの．
⑤補修，点検期間中の用水需要に対応するための容量
　パイプラインシステムの点検，修理に要する期間中の必要水量を確保するもの．
　なお，これらの要因から必要となる調整池容量は，この中から最大必要容量を算定し，各必要容量がこの範囲で調整可能かを検討する必要がある．

6.7　幹線水路（開水路）系の水管理方式の提案事例

　ここでは，これまで説明した開水路の流量制御方式と調整池の機能について，さらに理解を深めるために，ある開水路系の幹線水路の水管理方式について提案した事例を紹介する．

6.7.1　中央管理体制による管理の必要性

　提案事例の地区では，頭首工，開水路，各分水工（口），調整池，放余水工を有機的に機能させ，供給者による適正な配水管理，地区内調整池における貯水管理および洪水管理を行う必要がある．
　具体的水管理は，上流制御方式の開水路のため土地改良区による中央管理となり，①幹線水路の流量・水位監視，②取水量操作，分配水流量制御がその内容となる．幹線水路内の水位制御については，チェック工が存在しない

ため，主体的制御は不可能であるが水位監視は必要となる．流量制御は，頭首工からの取水量制御と分水工（口）の分水量制御となる．洪水時には取水工〜開水路〜調整池および放余水工間での洪水処理が必要となる．そして，適正な水管理のために，調整池の運用が重要となる．

水理計測については，取水量，幹線水位・流量，主要な分水工（口）の分水量，調整池の貯水位および貯水量などが必要となる．そして，これらの計測・制御を中央管理所などから行うシステムが必要となる．

6.7.2 分配水時の水管理制御方式

全体システムとしては，図 6.14 に示す水路システムで水源から支線水路への分水工（口）までは，供給者が主体的に分配水管理する管理領域となっている．幹線水路と調整池との管理では，調整池上下流で送水量を計測し，調整池上流側からの計画送水量が下流の需要量に対して不足している時には放流，逆に過剰な時には貯留の操作をすることになる．

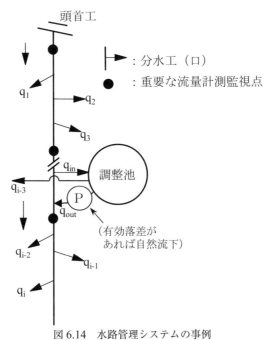

図 6.14 水路管理システムの事例

本地区では，すべての分水工（口）についてテレメータ・テレコントロー

ルシステム (telemetry system) などによる綿密な分水量の把握と制御の必要性は少ない．しかし，分水工（口）から下流部がクローズドパイプライン化されている支線水路も多いことから分水量の変動が大きい場合，幹線水路の流況が変動するため，幹線水路の流量把握が重要となる．

このとき，すべての分水工（口）における分水量をすべて計測することは，コスト的に不可能であることから，幹線水路管理区間ごとに幹線水路の流量を計測し，幹線水路を監視するとともに，その差をその区間の分水量とする計測が現実的であると考えられる．このため，幹線水路内の流量計測システムの導入が本事業効果に大きく係わるものである．

6.8　管水路（パイプライン）の流量制御方式[9]

パイプラインの場合，水路システムの圧力調整方式，すなわち機構上で流量制御方式を特徴づけることができる．機構上の分類（圧力調整方式）とその操作特性を次に示す．

(1) オープンタイプパイプライン

このパイプライン形式は，大容量の用水を水田などに送水する幹線水路に適用され，管路途中の要所に頂部が開放された越流堰または，アンダーフローゲートなどを有する調整施設（調圧水槽）を配置し，これに減圧や分水工（口）および放余水工などの機能を持たせるものである（図 6.15）．この形式は上流水位制御方式の開水路に準じた上流制御の水路形式で，調整施設内には，越流堰およびオリフィスゲートが設けられ，調圧水槽内の上流水槽の水位を一定もしくはそれ以上に維持し，分水の安定化を図る機能を有している．上流水槽の側部にゲート式分水工が設けられ分水量を調節し，余水は放流されることから操作損失が発生する．各調整施設は管路（逆サイホン）により連結されていることから上流端からの用水到達時間は，開水路の上流水位制御方式に比べ格段に早い．

なお，本パイプライン方式では，水路勾配に応じて調整施設であるオーバーフロースタンドの流況が大きく変化する．図 6.16 に示すように勾配により管路内に空気が混入したり，越流が潜り状態となって落差による減圧が機能しない問題が発生する．このため，適正な流況になる地形条件に対応した水

図 6.15（a） オープンタイプパイプライン調整施設からの分水状況（スライドゲートより開水路へ分水放流）

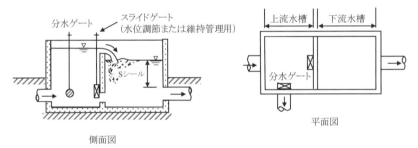

図 6.15（b） オーバーフロースタンドの標準構造図

図 6.15（c） オーバーフロースタンド型式の調整（調圧）施設での流況

路勾配の設定と落下水脈による気泡が管路に流入しないような下流水槽の容量の確保などが重要である．設計基準では，オーバーフロースタンド型式の

調整水槽の下流部の水槽長を $4 \sim 5D$（D：管路口径）以上確保すべきとしている．さらに，本方式は，逆サイホンが連結された水理的構造であることから，各スタンド内のサージングを防止するための水槽容量の確保も重要である．

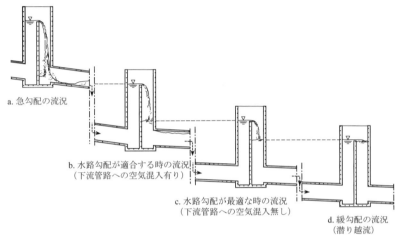

図6.16　オーバーフロースタンド型式のオープンタイプパイプラインの流況模式図

(2) クローズドタイプパイプライン

このパイプライン形式は，中間に調整施設を設けない上流から末端まで閉管路で流水が連続し，末端に位置する分水口バルブを開くことにより，所要の分水量および水圧を得ることができる下流制御方式のものである．すなわち，すべての分水口が水理的に上流の貯水池，調整池やファームポンドなどに直結しているシステムであり，その水理学的および水利用的な応答速度は他の制御方式の中で最も速い．調整施設がないため各分水口間での流量制御が困難であり，分水口バルブの開度設定制御あるいは定流量バルブなどによる流量制御が好ましい．

(3) セミクローズドタイプパイプライン

このパイプライン形式は，圧力・流量調節用の弁類による調整施設を管路途中に設けることにより，オープンタイプとクローズドタイプの中間的機能を有するもので，通常クローズドタイプの一部として分類される．本システ

ムでは，フロートバルブなどが余剰圧をオープンスタンドに代わって調整する．そして，調圧施設の下流側水位（圧力）を設計上の最高水位（HWL）と最低水位（LWL）の間でほぼ一定にする下流制御を行う．下流から上流へ水理的な連続性が用意されていることから，パイプライン始点部で圧力変動として，流れの変化すなわち需要の変化を感知できる．この形式は，調圧施設において，HWL〜LWLを制御する下流水位制御方式であり，下流側のバルブを開閉しない限り，水の流動は生じないので，オープンタイプのような管理損失は生じない．一般に高圧な状態の用水を必要とする畑地かんがいの幹線水路によく用いられる．

以上説明した各パイプライン形式の圧力状況を図6.17に示し，また，水理，水利用面での各形式の比較表を表6.1に示す．

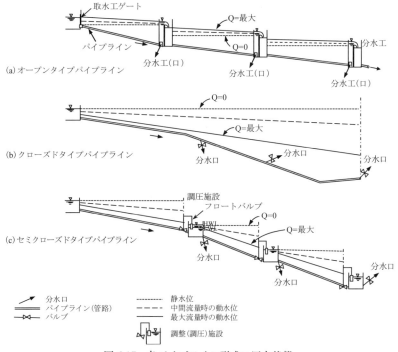

図6.17　各パイプライン形式の圧力状態

表6.1 パイプライン形式比較表

項目 \ 形式	オープンタイプ	セミクローズドタイプ	クローズドタイプ
静水位	動水位より若干低い	動水位より若干高い	動水位より高い
動水位	同一（減圧有り）	同一	同一
制御方式	上流制御	下流制御	下流制御
調整池	中間および末端分水口に必要	上流端もしくは中間	上流端管路呑口部
チェック水位（圧）	上流水位（精度高）	下流水位（精度良）	制御不可
調整（圧）施設	オープンスタンド	調圧水槽（フロートバルブなど）	無し
水撃圧発生	無し	調圧施設で吸収	別途対策必要
サージングの発生	要注意	無し	無し
分水工（口）操作	供給側	供給および需要側	供給および需要側
分水工（口）流量管理精度	高い（一次圧変動少）	比較的高い（中間）	バルブ制御が困難（一次圧変動大），定量バルブによる制御が必要

6.9 水路システムの上流流量制御方式と下流流量制御方式

上流流量制御（upstream flow control）および下流流量制御（downstream flow control）の2つの流量制御方式により，水路システム（水理ユニット単位）のすべての流量制御方式が類型化できる．水路システムの流量制御における上流制御とは，水路システムの上流端（頭首工）で流量操作を加えることにより，システムはその操作の影響を下流へ伝達するメカニズムを有するシステムであり，頭首工および分水工（口）は，配水計画に責任を持つ供給側の操作を必要とするシステムである．したがって，本流量制御方式は，水路の上流操作および上流制御の概念と互換性のあるものである．本システムでは，供給側が需要側の必要な用水量を予測もしくは把握する能力や手段を有する必要がある．一般に供給側は何らかの方法で把握した水利用者側で必要な用水量に水利用上の安全性や信頼性を確保するために一般に5％〜

10%程度の余裕水量を加味して上流から用水を送水することになる．そして，降雨が発生したり，需要量が供給量を下回る場合には，用水は末端の放余水工から排水路へ排除される．これは，水管理上の管理用水となる．

　一方，水路システムの下流流量制御方式は，下流端（分水口）で供給側あるいは需要側などが流量操作を加えることにより，この操作の影響が上流端の頭首工あるいは調整池まで水理学的に伝達され頭首工などの水源から自動的，自律的に送水が行われるメカニズムを有するシステムであり，どちらかといえば，下流側もしくは，需要側に管理が許される方式である．したがって，水路の下流操作および下流制御と互換性がよいものである．このため，水路内の放余水工からの放流がなければ下流での用水需要量を水理学的に供給側が上流端で把握可能な方式である．また，供給者の分配水管理を必要としない自律的な制御方式である．本方式は，需要への応答性からはクローズドパイプラインなどが最も適応する特性を有しているが，パイプラインにはその上流部分に十分な調整池容量が必要となる．本制御方式で，上流端で需要が利用可能な供給量を超えた場合，水路内では上流から下流へ水路が空になる．このため，水利用者側が管理する分水口に分水流量の上限を制御する機能が不可欠である．

　なお，開水路方式の下流水位制御方式は，応答特性はクローズド系パイプラインと同様であり調整池容量（正の貯留量）を水路内に有していることから，今後の水路改修の更新技術として研究開発が望まれる．

6.10　水管理方式と水路形式の関係

　従来，わが国においては，水管理方式は需要主導型と供給主導型の二極端の整理が行われてきた．今後の水管理方式の構築および再編では，その中間および融合した方式の技術的議論が不可欠であり，これらの水管理方式の選定とシステム内におけるその適用範囲を明確にする必要がある．このときに，計画設計技術者は，予定運用管理者となる土地改良区などと十分協議して策定する必要がある．

　なお，結果的には大きく分けてこれらの水管理方式が適用される水路システムは，渇水時以外の通常時は，供給型システム（supply system）と需要

6.10 水管理方式と水路形式の関係

型システム (demand system) の2つの方式に区分することができる (図 6.18). 供給型システムは,システム内で供給者により配水が調整され,頭首工で予め送水量が固定される.分配水の調整は,需要者(農家)の要望により行われるか,もしくは供給側が綿密に分配水を決定する.

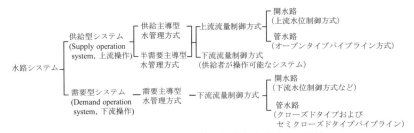

図 6.18 適用される水管理方式と水路形式の関係

一方,需要型システムは水使用の需要に自動的に応答するものである.しかし,農業水利では,①配水時間範囲,②水源容量,③施設容量および④調整容量の範囲内でこれらが実現するものであり,これらの制限を超過する需要が発生しない施設設計および管理計画が重要となる.

供給主導と半需要主導の水管理方式は上流制御方式の開水路,あるいはオープンタイプパイプラインなどで可能な水管理方式である.日本では,水田を主体とする大規模灌漑システムの幹線水路は,これらの管理方式が一般的である.なお,パイプラインであっても図 6.19 に示すように用水機場から吐水槽間では,上流のポンプの運転により,吐水槽までを供給側で送水量管理が行え,また,自然圧送のクローズド系のパイプラインでは,下流側の調整池および配水槽の直上流の流量制御バルブを供給側が管理操作すれば,これらの水管理方式を実現できる.

また,自然圧送のクローズドタイプパイプラインであっても配管の標高関係から,上流地点の供給側で送水量を管理可能な方式も存在する.図 6.20 の上流地点の流量制御バルブ(分水工)は,下流の分水口よりも低い位置にあるから,仮に水田灌漑の場合など各分水口が開かれたままで上流流量制御バルブが全閉されたとしても,分水口から若干の流出はあっても最終的には口径の大きな管内の水が抜け出ることはない.また,上流地点の制御バルブ

で一括して下流管路の動水勾配線を任意に調整できるため，減圧給水や止水が可能となり供給側の流量の制御を容易にする．一方，図6.21のように流量制御バルブがその下流の管路や分水口よりも高い位置にある場合のような配管条件では，下流の多くの分水口が流量を支配することになり，供給側ですべての分水口を管理する必要があるが，現実には労力的に不可能である．このため需要側の操作が流況を支配することになり，需要主導型水管理方式を想定したシステム設計が必要となる．

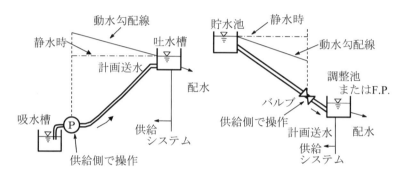

(a) ポンプ圧送（上流制御）　　(b) 自然圧送（下流制御）

図6.19　パイプラインでの供給側での送水量の制御構造

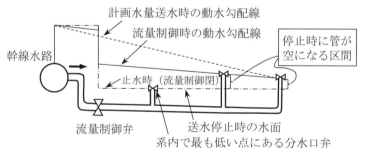

図6.20　上流の流量制御弁で流量制御（減圧給水と止水）ができるクローズドタイプパイプライン配管システム

6.10 水管理方式と水路形式の関係

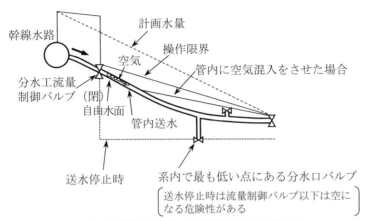

図6.21 需要主導型水管理方式を想定しなければならない
クローズドタイプパイプライン配管システム

参考文献
1) United States Department of the Interior Bureau of Reclamation: Canal Systems Automation Manual Volume 1, A Water Resources, Technical Publication (2001) pp.9-11.
2) 農林水産省農村振興局：土地改良事業計画設計基準　設計「水路工」技術書，(2001) pp.94-99.
3) P. Ankum: Canal Storage and Flow Control Method in Irrigation, ICID 15th Congress The Hague, Q.44 R.51 (1993) pp.663-779.
4) 米国土木学会（ASCE）：Management, Operation and Maintenance of Irrigation and Drainage Systems, ASCE Manuals and Reports on Engineering Practice No.57 (1991) pp.64-71.
5) 岩崎和巳：農業用水路系における用水到達時間に関する研究，農業土木試験場報告, 21, (1981).
6) Hervè Plusquellec: Improving the Operation of Canal Irrigation Systems, The Economic Development Institute and The Agriculture and Rural Development Department of the World Bank (1988) IR-70.
7) Guy Chevereau and Sylvie Schwartz-Benezeth: Bival System for Downstream Control, Planning, Operation, Rehabilitation and Automation of Irrigation Water Delivery Systems, ASCE (1987) pp.155-163.
8) 農林水産省農村振興局：土地改良事業計画設計基準　設計「パイプライン」技術書 (2009) pp.134-135.
9) 前掲8), pp.106-113.

第7章　水路システムの設計の基本

7.1　人工物設計の一般原則

　設計とは,「可能な最善の方法によって与えられた要求を満足させようとする知的な試みであり,その行為は,互いに矛盾する制約条件のもとで与えられた対象物を最適化することである」と説明されている[1].ここでは,設計をただ単にモノの機能や形状を決めるだけの意味ではなく,システムの課題を解決する手立てや手順を見出す行為全般を意味すると考える.その前段として,関係文献[2]を参考にしながら設計の一般原則について考える.まず,設計の段階はその対象によってその内容が少しずつ異なるが,水路システムの設計に近い分野である建築設計では,顧客からの要望や希望を聞き取る要求仕様(requirement specification)の調査から設計がスタートし,建築物の構想を立てる企画設計において基本的な調査・検討を行う.次に行う基本設計の段階では建築物の基本的な諸元が決められ,顧客からの要望を聞き取って確認しながらその基本方針が基本図として確定される.さらに,具体的な施工を行うための詳細部にわたる技術的検討が行われ,これを実施設計とよぶ.そして,施工のための詳細な図面が作成される.この設計の過程は,水路システムの設計の流れとよく類似している(図7.1).水路システムの設計では,その事業を発意する主体でありユーザー(顧客)は,農業生産のために各圃場で水利用を行う農業者やそのシステムの直接の施設運用管理者である土地改良区などである.水路システムの設計は,人間の灌漑排水活動および農業活動において,用水供給などのあるべき姿を定義する人間の創造活動とも考えられる.そして,この人間の創造過程は,水路システムを実際に新設や保全・維持管理を行う建設・再整備などの現地で実施される過程と,ここで考えようとするどのような水路システムを創り出すかなどを考案,指

図7.1　設計の一般的流れ

示する設計の過程の大きく2つに分けられる.

　次に,上記の設計の過程をより具体的に考えると,設計は,「『要求から仕様へ』の属性,状態,挙動,機能に関する情報が次第に詳細化されていく過程である」と言われている[3].設計を順序立てて,効率的に行うためには,設計過程での基本的な概念の理解が重要である.特に,水路システムなどの巨大で複雑なシステムの設計においては,多様な技術者とユーザーなどの多数の関係者の間での共通認識が大切である.主要な概念として,設計では,要求,仕様,属性,状態,挙動,機能が説明されている.これらを表7.1に整理する.属性の典型例は,諸元(寸法,重量など)であり,設計の主題は,要求性能に応えるために,いかに経済的および効率的にその属性を見いだすかである.その結果,有益な機能が発揮されるわけである.挙動は,状態の時間的な変化を示すものである.水路システム内を流下する用排水以外の水路システムの大部分は静止しているが,流れを制御するためにシステム内のゲートやバルブなどの一部に可動部分の動作が必要となる.なお,流下する用水や排水などは,常に,場所的および時間的に変化する水理学的に非定常な状態であり,その水理現象を制御することも必要であることを設計上の念頭におくことも重要である.

　表7.1に示される概念の他に,さらに,人工物に当然具備されなければならない概念として機能の中の安全性(信頼性)が重要である.安全性は人工物が機能を発揮する状態・過程で,外部へ被害を及ぼさない度合い,程度である.

　設計の過程が進んで行けば,それぞれその建設や保全のための各設計の基本概念の記述などの情報の取りまとめが必要となる.このため,次に設計の具体的な出力について考える.一般に設計の結果から,図面(基本図,平面図,縦横断図,構造図など)や基本設計書,水理構造計算書,コスト計算書(積算書)を取りまとめる必要がある.これらの情報は,次のステップである現地における建設や機能保全への情報伝達として重要であり,さらに,システムの構築後の運用・維持管理の面においても大切な情報である.このため,これらの情報は十分な情報量を有するとともに,正確かつ簡潔に取りまとめられる必要がある.設計で取扱う具体的な情報としては,表7.1に示し

た属性，状態，挙動および機能である．その情報の典型が各種の図面である．

表7.1 設計における基本概念

用語	説明
要求	人工物に要求される属性，挙動，機能などの情報．
仕様	人工物を記述するために必要な属性，挙動，機能などに関する情報．
属性	人工物がもつ幾何的，物理的，化学的，機械的性質であり，属性は値をもつ．
状態	人工物がある場，ある時刻において，属性が持つ値の組のこと．
挙動	人工物の状態の時間的な変化・遷移のこと．
機能	挙動を人間が特定の意図を持って主観的に観察するときに発揮していると認められる人工物のはたらき．

文献2) より作成

　また，その図面の中の情報にたどり着いた経過を示す基本設計書や計算書も設計書として蓄積すべき必要な情報である．さらに，水路システムの基本・実施設計では，水理模型実験や数値実験により設計検討することが多く，これらの実験から得られた情報も重要である．以上の計算書，図面，水理模型および数理モデルなどは，設計に関連する情報を表現するものとして「設計対象のモデル」と言われている（図7.2）．水路システムが建設・保全される事業は，国営や県営のかんがい排水事業などの中で実施され，その事業の計画・設計の情報のすべてが全体実施設計書に収録され，建設や機能保全などの事業が現地で開始される．事業が開始され，システムの施工が実施される段階においても現地の諸条件に応じて，多くの設計変更や修正が行われる．

　実際に完工されたシステムは，設計変更により当初設計したものと異なる部分を多く有することになる．このため，システムの完成後，再び設計の結果とシステムの出来形を再整理して，完成したシステムの属性と機能を正確に記述する最終設計書を作成・保存しておくことが重要である．現実には，この設計変更の経緯が不明確となり，その後の対応に支障を来す場面が発生することがある．このことから，この事態の発生を防ぐためのプロジェクト上の運営と体制に十分留意する必要がある．

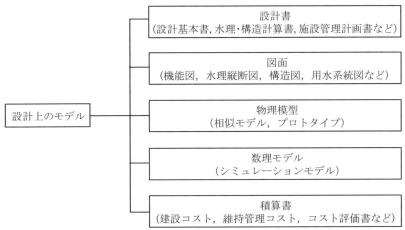

図 7.2　設計上のモデルの例

　次に，設計上のモデルを開発し，これらを解析する場面では，研究開発と密接に関わることになる．この研究開発には，2つのタイプがあると言われている．設計と並行して必要な技術開発を行う場合をニーズ先導型研究開発とよび，一方，設計に先導して研究開発を行い，その成果を利用して設計を行う場合をシーズ先導型研究開発とよぶ[4]．不足する用水を補うために水源から用水を必要とする圃場に配水するための水路システムの新設のための設計では，地域のニーズが事業の発意となり，事業実施のための計画設計が展開されることから，ニーズ先導型の研究開発が行われることが多い．

　しかし，既存システムの機能保全の場面では，新技術（シーズ）が開発され，その後，新技術を社会が必要として，それと関連技術を適用しての設計が行われることが多い．これからの水路システムの研究開発は，次の社会を見据えたシーズ先導型研究開発をも視野に入れる必要があると考えられる．

7.2　灌漑システム設計の基本
7.2.1　灌漑システム設計の課題

　システムの設計は，さきにも述べたように，新たなシステムを造成する新設の場面と既存のシステムに対して時代に適用した機能の保全や向上などを目指す保全・改築・更新の場面の2つのケースが考えられる．わが国の灌

漑施設の整備状況から考えて，今後は既存施設へのアプローチが増えるものと予想される．その場合においても，過去に造成されたシステムがどのような設計思想と手順で行われたかを知ることは，既存のシステムに対しての適切な計画設計に有効かつ不可欠である．

そのため，ここでは，システムの新設と既存施設の再整備・更新の両者の側面からの留意点について考える．なお，再整備・更新のためのアプローチについては，第8章の水利用機能診断において詳しく述べる．

まず，水路システムを包含する灌漑システムの設計について考える．戦後，国営・県営事業などを中心に多くの大規模灌漑システムが造成され，日本の灌漑施設の近代化が進み，農業水利において科学的な手法による用水計画の立案，水利用の合理化や水資源の有効利用が進んだ．また，世界的に見ても，戦後と言われる1945年以降は，各国で大規模な灌漑事業が推進され，この時期は，灌漑の世紀ともいわれている．しかし，世界的にみて，既存の灌漑システムの灌漑効率の低さ，用水配分の不公平さ，水管理や施設運用・保全の不備などが指摘され，既存のシステムの性能の向上が大きな課題となっている[5]．それらに対処するより良き設計は，水利用者への水配分の信頼性，公平性および柔軟性を高め，水利用者間あるいは水利用者と供給者の間の摩擦を最小化し，運用と維持管理に対する費用の減少をもたらすとされている．

世界銀行の報告書では，灌漑事業の設計の課題として，次の事項を指摘している[6]．システムの新設および既存施設を再整備・更新する場合には，これらの課題を念頭に置き，その解決に向けた設計アプローチが不可欠となる．

①実際の機能と期待された機能との格差（ギャップ）
②水利用効率の低さ
③非現実的な設計
④操作が困難で，水利用者間での摩擦を引き起こしやすい設計
⑤柔軟性を欠いた水配分
⑥監視および現場データの欠如

ここで，設計上の課題として指摘されている事項の中で，特に重要な事項として，上記の③と④を挙げることができる．この第1の「③非現実的な設計」では，水路の流れが非定常（流れが時間的に変化する流れ）であるこ

とを設計者が認識，理解せずに非定常な流れにも水路が機能すると仮定し設計した結果，流量が不安定になるなどシステムの機能が十分発揮されないことが指摘されている．第2の④の課題は，実際の現場における管理の困難性あるいは，管理しなければならない事項の非現実性である．たとえば，水配分計画を変更するために多数の分水工（口）ゲートの開度の操作をある限られた時間内に同時あるいは順次行う必要があるシステム（たとえば，中央管理型の上流水位制御方式の流量制御システム，第6章）において，集中的な遠隔情報収集監視システムと遠方制御システムあるいは，十分な要員が確保されていないため，管理操作が行き届かず期待される配分計画が達成されない事例である．さらに，この適正な配分が発揮されない場合が度々発生すれば，水利用者の信頼性が損なわれ，計画上の水管理方式が破綻する．その結果，水利用者が自ら水路システム内の施設の維持管理を行ったり，水利費や管理運用のための負担金を支払う動機が失われ，水路システムの運用上の持続性が損なわれることになる．以上のような混乱を回避するためには，システムの設計は，機能と性能を重視し，それを実現する確実な方策を順序立てて整理して具体的な設計をステップごとに完成させて行く必要がある．

7.2.2 水路システム設計の原則，目的と留意点

よき設計を行うために，世界銀行の関連報告書[7]では，「近代的設計（modern design）」という用語が定義されており，日本の灌漑システムの設計においてもこれを適用する意義は大きい．

特に，この中では灌漑システムがただ単に，用水を各圃場へ配水する「はたらき」だけを考えるのではなく，多様な設計目標や要求される機能を明示し，これを基盤にして，灌漑システムや水路システムの具体的な設計を進めていく必要性が指摘されている．設計のアプローチとして特に重要な項目は，水配分の信頼性（reliability），公平性（equity），柔軟性（flexibility）の3つの性能の確保と向上が指摘されている．これらは，水路システムにおける水利用性能の有用な構成要素である．この性能の一定レベルの確保は，先にも述べたように運用や維持管理コストの低減にも大きく寄与するものである．これらの性能を確保するためには，水利構造形態を設定する計画設計段階において，現実的かつ適切な灌漑システムの運用計画を立案しておくことが重

要である．具体的には，管理構造の適切な選択，整合性のある構成要素の配置および現実的な運用・保守計画に基づく設計が求められる．

次に重要な設計の観点は，圃場の水環境を最適化するために，それを実行する灌漑排水システムや水路システム（用水，排水）が存在する認識である．

圃場の用排水の機能のために，その外部の水利環境を制御する水路システムが機能しなければならない．すなわち，水を圃場に供給し，また，圃場から余分な水分を排除することは，農業全般にわたり最も重要で効果的な作業である．この作業を圃場にて確実に行うために灌漑排水施設の整備が必要となるわけである．図 7.3 に示すように整備された圃場の上下流には，用水路と排水路からなる水路システムが整備されている．用水の供給機能，圃場の湛水深や地下水位を制御するための排水路の水位維持機能および排水の排除機能などを発揮するために水路システムが存在するわけである．このため，水路システムの設計の最終目的は，その末端に存在する圃場の水環境の最適化にあり，圃場と水路システムの流れの連結の問題も十分技術的に考えたシステム設計を行うことが農業水利として重要な観点である．

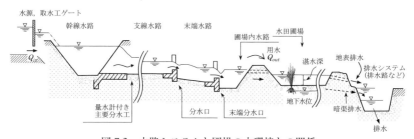

図 7.3　水路システムと圃場の水環境との関係

7.3　技術基準に基づいた水路システムの設計（仕様設計）の要点
7.3.1　開水路の設計

システムの新設の時代における一般的な水路システムの設計は，設計流量がシステム内を安全に流下できることを主目的に，設計の手順が示されている各種技術基準書[8, 9]などを基本に施設容量，施設配置および施設諸元を順次決定することを意味していた（これを仕様設計という）．この時点の設計

7.3 技術基準に基づいた水路システムの設計（仕様設計）の要点

解の評価は，設計最大流量を効率的に流下させ，定量的な評価が容易な建設費用（初期の経済性）の最小化に重点が置かれていた傾向にあった（low-cost solution）[10]．水路組織（システム）設計では，1970年代後半から数値解析手法を援用したシステム設計が導入され，システム全体の水利用機能を定量化し，これを考慮した上での後で述べるいわゆる性能設計の概念が既に導入されていた．また，個々の水利構造物の水理機能についても水理模型実験という照査手法により性能設計が行われていた．

なお，水路システムなど新たな灌漑排水施設の造成などは，土地改良事業という公共事業で実施されることが大半であり，国の補助によることから，国営事業では，国（農林水産省）が制定した土地改良事業計画設計基準を遵守し，また，関連する技術書を参考に設計することを原則にしている．

ここでは，開水路系を対象に，この設計基準書を下に，施設設計の流れと要点を説明する．設計の手順は，調査→基本設計→細部設計→水理設計→構造設計の流れとなっており，水路システムの全体骨格から細部へとその構造に着目した手順となっている．設計の基本では，「水路の設計は，水路組織全体が一つのシステムとして機能するよう，必要な水の流送，配分及び合流等が確実かつ効率的に行われ，安全で合理的な水管理及び施設管理が可能となるようにしなければならない」と明記され，基本的に必要な機能が明示されている．その後の手順として，基礎的条件の把握→水路組織の設計→施設設計（水理設計，構造設計など）が規定されている．このように決められた手順に従う設計を仕様設計という．設計技術者は，この流れに沿って関係の参考図書を活用して順次設計を進めることができる．なお，この手順の中で，「水路組織の設計」が水利用機能に大きく関係する部分であり，後で説明する性能設計に比較的近い技術が参考の技術書において具体的に記述されている．水利用機能に直接係わる水理設計に関連する設計項目とその要点を表7.2にそれぞれの設計ごとに整理した[8]．

基本設計での要点は（表7.2 (a)），頭首工での取水位から分水口や末端圃場までの間に利用できる自然の落差をいかに有効に利用して路線を自然地形に合わせ，各水路施設を配置するかである（図7.4）．

この指標になるものが水理学的な水頭の各施設への配分となる．既存の水

表 7.2 (a) 開水路系の設計基準に規定されている基本設計の原則

		主な設計項目	内容（要点）
(1)基本設計	1.1	設計流量・設計水位	設計に当たっては，計画用水量，計画排水量，計画水位及び用排水系統等を確認し，水路施設ごとに，その目的に適合した設計流量及び設計水位を設定しなければならない．
	1.2	路線選定	路線は，設計流量及び設計水位をもとに構造物の安全性と経済性を考慮の上，総合的に検討し決定しなければならない．
	1.3	施設配置の制限条件	施設および構造物の配置は，路線の地形等の立地条件に応じて，線形，縦断勾配及び土かぶり等を適切に決定しなければならない．
	1.4	水頭配分	用水路の各形式及び各区間の縦断勾配は，水路の機能及び安全性を確保し，水理性及び耐久性に加えて維持管理上からも必要とされる許容流速の範囲内において，水路組織全体の工事費を節減することができるように利用可能な水頭を適切に配分して決定する．

表 7.2 (b) 開水路系の設計基準に規定されている細部設計の原則

		主な設計項目	内容（要点）
(2)細部設計	2.1	通水施設	・通水施設の工種には，開水路，暗きょ，トンネル，サイホン，水路橋，落差工及び急流工等がある． ・サイホンは，河川・道路等の下部を横断する場合に設置され，開水路形式より高い工事費が必要とされ，管理上からも重要施設と直交することから特に慎重な路線計画が求められる． ・地形上，許容流速を確保する緩勾配等が保てない場合は，落差工及び急流工を設置して水路の安全性を図るものとする．なお，設計に当たっては，水理及び立地条件等を十分考慮して，必要があれば水理模型実験等により設計案の安全性の確認を行うこともある．
	2.2	分水施設	水理的に安定して確実に用水の調整配分ができ，経済的かつ水管理が容易となるように設計しなければならない．
	2.3	量水施設	合理的な水管理を行うため，必要に応じて量水施設を設置する．
	2.4	合流施設	合流施設は，主として排水を集合又は合流するために設置される．
	2.5	調整施設	水路組織の実状に応じ流量，流速，水位及び圧力等の水理諸量を調整する水位調整施設，余水吐，放水工，調整池及び排水門等を設置する．

7.3 技術基準に基づいた水路システムの設計（仕様設計）の要点

	2.6	保護施設	保護施設は，通水施設等の水路諸施設を保護するために設置されるもので，法面保護工，横断排水構造物，流入構造物，排水工がある．水路の機能及び安全性を確保するものである．
	2.7	安全施設	安全施設を人などの水路内への転落防止及び危険区域内への立入り防止のために必要な箇所に設置する．
	2.8	管理施設	管理施設には，水管理のための水管理施設及び除塵・排砂施設と管理のための道路等の維持管理施設があり，安全かつ確実な水管理及び合理的な保守管理ができるものとしなければならない．

表 7.2（c） 開水路系の設計基準に規定されている水理設計の原則

	主な設計項目		内容（要点）
(3) 水理設計	3.1	許容流速	水路の流速は，土砂の堆積が起こらず，かつ水中植物が繁茂しない最小許容流速と，水路内面を構成する材料が流水によって耐久性が確保され水理的に不安定な流況が発生しない範囲内とすることを標準とする．
	3.2	平均流速の計算	水路の断面寸法は，原則として設計流量について平均流速公式を用いて求める．なお，開水路系の等流流速の計算は，原則としてマニング公式を用いる．管水路系ではヘーゼン・ウィリアムス公式を用いる．
	3.3	不等流の計算	水路系の中で水路断面の変化，堰上げ及び低下背水等により流水の断面が一様とならない区間の流況は不等流の計算により解析しなければならない．
	3.4	不定流の計算	水深及び流速の時間的変化が水路系に重大な影響を及ぼす場合には，不定流の計算により流況を解析しなければならない．
	3.5	損失水頭	水路の水理設計に当たっては，次の予想される損失水頭を見込んで設計しなければならない． （1） 摩擦による損失水頭 （2） 流入，流出による損失水頭 （3） 断面変化による損失水頭 （4） スクリーンによる損失水頭 （5） 橋脚による損失水頭 （6） 湾曲，屈曲による損失水頭
	3.6	余裕高	水路については，その水理上の安全性を確保するため，設計流量に対応する設計水面上に余裕高を見込んで通水断面を決定しなければならない．余裕高は原則として，水路粗度係数の変動に対する余裕，流速水頭の静水頭への変換の可能性に対する余裕及び水面動揺に対する余裕を加えて決定する．

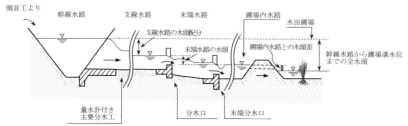

図7.4　縦断的な水路の設計水位と水頭配分の概念図

路システムでは，設計の原則から一般に当時の建設コストが最小になるように水頭が配分されている．たとえば，開水路に比較して当時建設コストの高いサイホンであれば，断面を最大許容流速の範囲内で縮小して建設コストを縮減する工夫がされている．

設計基準の技術書[11]には，サイホン部の設計流速について，「特に延長が長く内圧の大きいサイホンは，管体の単位長さ当たりの工事費が高いので最大許容流速の範囲内でできるだけ管内流速を高め，断面を縮小するように設計することが望ましい．」との記述がある．開水路部に比較して断面が縮小されていることは，その分流速が速いため流れの摩擦損失などの水頭が相対的に多く配分されていることを意味する．この水頭が今後の改築・更新において，重要な意味を持つことになることは，7.4で説明する．

次に重要な点は，水路の中の水の流れの流速には，その最大と最小の範囲内での許容流速が定められ，これを原則に縦断的な水路形状が設計されていることである．表7.2（c）にもあるように，流速は，水路が損傷したり堆積する土砂などで水路の断面が閉塞されないよう，水路の物理的な持続性を保持するために重要な設計要素である．なお，実際の水理設計において水路システムの全体にわたって，常にこの許容流速を保持することは，困難であり水路内での土砂の堆積や水草が生育することがある．これらに対しては，当然，日常の維持管理が必要となる．次に，水理安全面からの流速の制限も必要となる．流れが，限界状態に近くなると水面が不安定になり，発生した波が消えにくく，また，分水などにも支障を来すことがある．このため，設計流速は，限界流速の2/3程度以下として，水面の安定化を図ることが適当とされている．これに対応する流速の調整のためには，水路縦断勾配を調節

するために余剰落差を吸収する落差工,急流工を配置する必要がある.

その他に水路内の断面変化やゲートなどによる流れの損失水頭も適切に評価して水理設計を行う必要がある.地形条件により有効水頭が確保できない場合には,水路の中間に水を揚水するためのポンプ場を計画・設計する必要がある.

7.3.2 パイプラインの設計

パイプラインの設計の目的と内容が,開水路系と大きく異なることは,水源など上流端の圧力を安全かつ経済的に末端のファームポンド,分水口や給水栓まで伝達させることである.特に,畑地かんがいでは,一般にスプリンクラーなどのための圧力水の利用が不可欠である.圧力水を供給する必要性から,「①ポンプ揚水や圧力調整の問題」,および「②その末端の用水需要の特性に合わせた調整機能の問題」がある.ここではその点に焦点を合わせ,パイプラインシステムの計画・設計問題を説明する.なお,「パイプラインとは,既製管を埋設して造成する圧力管路によって,農業用水を送配水する水路組織であり,管路とその付帯施設から構成される」と定義されている[12].

(1) 基本的考え方

パイプラインの設計に当たっては,パイプラインを構成する諸施設の機能を確保しつつ,パイプライン全体として機能性(本来機能),安全性,経済性を具備するよう十分検討する.また,機能性と安全性は費用と密接な関連を持っているのでシステム全体としてそれらのバランスのとれた内容を確保することが,パイプライン設計の最重要課題である.

なお,パイプラインの設計に当たっては,互いに影響を及ぼし合う範囲の施設群を一体として取り扱う必要がある.この単位を水理ユニットとよぶ.パイプラインの基本構成単位とし,これら基本単位のつながりからなるパイプラインでは,システムの設計と,その大枠から与えられる条件をもとに各水理ユニット内の細部を設計する2段階方式で設計する.なお,水理ユニットについては,すでに第2章(2.1)で説明した.

基本的機能を考える場合には,そのパイプラインの特性と課題を十分認識しておくことが重要となる.特に農業用パイプラインの特性などを列挙すれば次の通りである.

①パイプラインは，高圧で使用されることもあり圧力調整が重要となる．
②畑地かんがいでは，送水・配水の水利用計画上，送水時間1日24時間，使用時間1日16時間を原則としており，送水と配水の需給のマッチングのために，中間に調整施設（ファームポンド）が必要となる．なお，このような水利用の傾向は，水田かんがいにおいても進みつつある．
③水管理計画上，1日の間で水使用される時間とポンプ場の送水が停止したり，末端の給水栓などが閉められるなどの用水使用停止時間がある．この停止時間内に給水栓までの管路が空虚になることを防止しなければならない．
④水田と畑が混在する受益地区の場合，畑地かんがいに対しては給水で高圧を必要とするため，パイプライン全体としては高圧パイプラインとなり水田かんがいについては，反対に減圧対策が必要となる．

先に述べた開水路系にならって，パイプライン設計の要点を現行の設計基準から整理したものを表7.3に示す[9]．

表7.3 (a) パイプラインの設計基準に規定されている基本設計の原則

主な設計項目	内容（要点）
設計の基本	一連の系として必要な機能性と安全性を確保し，合理的な管理ができ，かつ，経済的な施設となるように設計を行わなければならない．
基本設計	パイプラインが備えるべき基本的な機能に関する条件を定め，これに基づいてその基本的な諸元を決定する．
システムの設計	システムの構成は，水路各区間のそれぞれの機能を十分に認識した上で，水理ユニットとして分割し，その相互の結合関係を明確にして，接続点には適切な接続施設，調整施設や調整池などを配置しながら行わなくてはならない．
設計流量及び設計水圧	設計流量は，用水計画から必要とされる期別・用水系統別の最大流量とする．設計水圧は，静水頭に水撃圧を加えたものである（クローズドタイプ系）．
設計流量に対する機能確保	設計流量を確実に通水できる規模と必要な機能が確保されていなければならない．確保すべき機能などは，①水理ユニット内の適切な水頭配分と通水断面の確保，②水理ユニット間の結合，③与えられた境界条件に対して各水理ユニットの水理計算を行い，設計流量が確保できることを確認し，管種・管径を決定する．

運用管理に対する機能確保	確保すべき機能は，①設計（最大）流量以外の流量に対する機能，②水理ユニット間の連携機能（流量の連続性など），③過渡現象の検討（水槽間のサージング，水撃圧，水柱分離，空気混入等）
設計の総括	設計の結果は，これを総括し，設計の一貫性と全体的な調和を図るため，総合的な検討によって点検がなされなければならない．

表7.3 (b) パイプラインの設計基準に規定されている細部設計（水理設計）の原則

主な設計項目	内容（要点）
細部設計	施設それぞれが水理的，構造的な諸条件を満足するとともに，パイプライン全体として調和のとれたものになるように行わなければならない．
定常的な水理解析	水利用計画に基づく流量を適正な流速で輸送するために必要な管路口径及び水頭を求める．水理ユニット内の流速の平均値（管路縦断方向の加重平均）は，原則として 2.0m/s 以内とする．摩擦損失水頭及び平均流速の算定は，ヘーゼン・ウィリアムス公式の適用を原則とする．また，摩擦損失の他に，設計条件に応じて各種局所損失を考慮しなければならない．
非定常な水理解析	管路（内圧）及び各種の付帯施設の構造設計における安全性の検討状況が得られるよう，また，送配水・分水機能が確保できるよう，施設及び機器（バルブなど）の操作などに伴う過渡現象を把握しなければならない．現象には，水撃圧の発生，水槽間の脈動などのサージング現象がある．それらは，数値解析により，事前に予測が可能である．
付帯施設の設計	基本設計で定めた条件下で通水施設および付帯施設相互の関連を考慮して，設計しなければならない．付帯施設には，①調整施設，②調圧施設，③ポンプ施設，④分水施設，⑤量水施設，⑥通気施設，⑦保護施設，⑧管理施設がある，
調整施設	水路組織の実状に応じ流量，流速，水位及び圧力等の水理諸量を調整する水位調整施設，余水吐，放水工，調整池及び排水門等を設置する．
水管理制御施設	パイプライン施設の操作管理及び維持管理を適切に行えるように設計しなければならない．

　基本設計の要点として，開水路と同様にパイプラインにおいても設計流速の検討が重要であるとともに，新たに設計内水圧の問題にも留意する必要がある．パイプラインの管路内の平均流速の許容最大限度は，管内面が摩耗されないような値としなければならないとされ，一般には管内面の状態および

継手の水密性などによって異なり，コンクリート管の場合は3m/s，それ以外の場合は5m/sとしている．ただし，モルタルライニング管（鋼管または鋳鉄管）は，それ以外の場合として取り扱うことになっている．

　この値以内であっても，水理ユニット内の平均流速が大きい場合には，一般にバルブ操作などにより異常な圧力変動（水撃圧の発生）を生ずるなどの問題が起こる場合があるので十分注意しなければならない．なお，放余水工などの本線に関係ない一時的な使用区間の許容最大限度については，上記許容最大限度の値の1.5倍以内とされている．一方，水中の浮遊土砂などが管内に沈殿することを避けるため，管内流速の最小限度は設計流量時で0.3m/s以上とされている．特に，配水管で防除，施肥と多目的に使用する場合は，0.6m/s以上とすることが望ましい．

　設計上採用すべき管内流速は，摩擦損失水頭との関係において管路の経済性に大きく影響し，路線の条件，使用管種，口径および水路形式などによって一概に決められないが，原則として送配水方式によって次に示すように決定するとされている．

(2) 自然圧式管路の許容平均流速

　与えられた始点〜終点間の落差を最大限度に利用して，流速をできるだけ大きくした方が口径が最小となり経済的である．したがって，自然圧式の管路においては，その口径は与えられた個々の水理条件から定まるので，許容最大限度の流速以内で設計されていればよいことになる．しかし，この許容最大限度の流速は，水理ユニット内の局部的な区間の流速の点検に用いるものであって，水理ユニット内の流速の平均値の限界は2.0m/s以内が望ましいとされている．ここでいう流速の平均値とは，縦断方向の加重平均値を指す．農水省の設計基準では，「動水勾配が大きくとれる場合には，経済的な観点から平均流速の限界値を2.5m/sまで高めてもよい．ただし，採用した流速が大きくなると傾斜部での慣性力，曲線部でのスラスト力などについて特に慎重な検討が必要であると同時に，下流端でバルブ操作を行う場合には，「①非定常下における水理現象を十分に検討し，施設の安全性を確認すること，②バルブ操作によるキャビテーションを検討することが必要である．」としている．

7.3 技術基準に基づいた水路システムの設計（仕様設計）の要点

(3) ポンプ圧送式管路の設計流速

ポンプ圧送式管路の場合，一般的にはポンプの吸水側の低水位と吐出側の高水位からその揚程を考えて設計すればよい．しかし，管路内の流速によって定まる管の口径とポンプ揚程の組み合わせは多様である．

自然流下式の場合と同じ考えで口径を小さくすれば管関係費は少なくてすむが，管路の摩擦などの通水抵抗が増加するため，動水勾配が急となってポンプ揚程が高くなり，結局ポンプ設備費と供用後の運転経費がかさむこととなる．逆に口径を大きくとればポンプ関係費は少なくなるが，管関係費が増加する．

いずれの場合も不経済な設計といえる．したがって，ポンプ圧送式管路の流速は，管関係費とポンプ関係費の和が与えられた流量に対して最小となるように経済比較を行って決定することが望ましい．この時の設計流速の目安として，表7.4が設計基準技術書に示されている．この表の値はこれまでの実績をもとに参考的に示したものであり，ポンプ圧送式パイプラインの口径は経済比較により決定することを原則としている．ただし，ポンプ関係費に影響しない路線の管の口径は自然流下の場合と同様に決定している．また，流速の平均値が2.0m/sを超える場合は，水撃圧軽減対策およびバルブ対策などの検討を十分行う必要がある．

表7.4 ポンプ圧送式管路の設計流速の目安 [13]

口径(mm)	平均流速 (m/s)
75 ～ 150	0.7 ～ 1.0
200 ～ 400	0.9 ～ 1.6
450 ～ 800	1.2 ～ 1.8
900 ～ 1,500	1.3 ～ 2.0
1,600 ～ 3,000	1.4 ～ 2.5

以上のようにパイプラインの場合，管内流速の設計が最も重要であり，管路やポンプ設備などの建設と維持管理のコストなどの経済性および流速も要因となる圧力変動（水撃圧）による安全性の確保の両者から最適なシステム設計を行うことが課題となる．

(4) パイプラインの水圧

次に，パイプラインでの水圧について考える．水利計画や水理設計に用いられる各種管内水圧などパイプラインの計画において用いられる水圧は，表7.5に示すものがある．基本設計では，これらの意味を十分理解しておくことが重要である．

表7.5　パイプラインで用いられる各種水圧 [14]

	水圧	説明
①	静水圧	静止した水がパイプ内に作用する圧力（MPa）
②	動水圧	流れが発生している時のパイプ内に作用する圧力（MPa）
③	静水頭	静水圧を水柱の高さに換算した値（m）
④	動水頭	動水圧を水柱の高さに換算した値（m）
⑤	動水勾配	パイプラインの中を水が流れている時，パイプラインの一点にガラス管を立てると水はその点の圧力水頭に相当する高さまで上昇する．パイプラインに沿って，この水面を連ねた線を動水勾配線（圧力水頭線ともいう）といい，その勾配を動水勾配という．
⑥	静水位	静水頭を標高で表した値（m）
⑦	動水位	動水頭を標高で表した値（m）
⑧	水撃圧	バルブ操作およびポンプの起動，停止により生ずる急激な流量・流速の変化に伴って発生する圧力（水頭表示）
⑨	設計水圧	施設の耐圧強度を決定するために用いる水圧で，静水圧＋水撃圧とする（水頭表示）．
⑩	常用水圧, 使用水圧	通常，バルブ類の耐水圧強度を表示する場合，常用水圧，使用水圧という言葉が用いられるが，これは水撃圧を考慮したうえで静水圧を用いて使用圧力を示したものである．
⑪	圧力水頭	パイプラインに作用する圧力（または水頭）を総称してよぶ場合に用いるもので，動水圧（水頭），静水圧（水頭）および水撃圧などを指す．
⑫	損失水頭	用水を流送するために必要な水頭であり，摩擦損失および局所損失から成る．

7.4　機能・性能に基づいた水路システムの設計の要点

7.4.1　既存の水路システムの機能保全に必要な性能設計手法と技術 [10]

これからの既存施設の機能保全では，機能の保全や向上が最も要求される

7.4 機能・性能に基づいた水路システムの設計の要点　　　179

事業目的であり，初期建設コスト中心の評価から水路システム全体に要求される機能を把握し，可能なあらゆる照査手法で十分に機能を評価して設計を行う必要がある．この時に必要な設計の考えが性能（照査型）設計法である．性能設計とは，「最終的に造成・整備されたシステムが，当該システムに要求される機能・性能を満たすかどうかを別途，照査することを前提に，構造形態，意匠などのソフト的な設計はもとより，材料の選択，部材の寸法などのハード面の設計を極力自由化する一連の設計体系である」と説明されている[15]．

　設計技術者の責務として，広くシステムに求められる機能・性能を把握した上で，設計対象の機能・性能をこれまで以上に精査し，さらに，得られた設計解の機能・性能をユーザーのみならず広く技術者以外の関係者に対して説明責任を果たす上においても機能・性能に着目した設計技術の展開が必要である．性能設計の利点は，次の事項が考えられる[10]．

①システムの管理者や利用者から機能・性能の仕様が明確に主張できる．
②設計解の機能・性能が直観的かつ定量的（レベル）に理解できる．
③新技術，新材料の導入が図られる．
④機能・性能対費用の関連が明確になり，コストパフォーマンスが向上する．

7.4.2　機能・性能に着目した設計の手順

　既存の水路システムに対する調査と機能診断を踏まえた機能保全対策の計画設計を想定すれば，機能・性能を重視した設計の手順は，次のように考えることができる．

①水路システムの一般的および地域や事業地区内における固有の目的とその機能構想を関係者間で明確にすることが重要である．水路システムの一般的な目的は，「管理者が水源から末端分水口まで所定の水量と圧力を維持して用水を送配水することにより，利用者に必要な用水を配水することである．」と定義できる．これに加え，各事業地区では，たとえば圃場にて圧力水を供給したいなどの必要性があれば，水路のパイプライン化を図るなど，今後のシステムの目的の方向とそれに対応した再整備の構想について情報共有される必要がある．

②次に，目的を具体化するための要求される水利用的な機能・性能（システムの仕様）について末端の水使用者，土地改良区（用水管理者）を中心に聞き取り調査などを行う．また，関係地域住民（地方公共団体など）から，地域環境や地方財政などの観点からも調査する．この時には，国家経済や国民的ニーズも視野に入れる必要がある．

③この時点で同時に既存施設の機能診断を実施することになる．なお，この機能の調査・診断には，各機能が明確に技術用語，文章として定義されていることが前提条件である．

　農業水利の分野では，この②，③の調査作業は，事業地区レベルの技術行政として最も重要な事項であると考えられる．

④この整理された機能・性能の度合の選択を関係機関および関係者との協議で行い，主に行政技術者が企画設計を行う．このときには，各機能・性能の定性的あるいは定量的な階層化（レベル）が不可欠である．すなわち，性能の基準化が必要である．各機能・性能の例の内容については，第2章（表2.2，表2.3）に示した．

⑤次に，企画設計書を基本に要求される機能と性能レベルに応じた設計案（代替案を含む）を事業主体から依頼されたコンサルタント技術者などが作成し，これを各種試験法，実験（物理，数値）手法を適用して照査する．

⑥さらに複数の設計案の各性能を評価して全体システムの最適化を図る．
　設計案の作成と照査の間には数回のフィードバック作業が伴うのが一般的である．システムの個々の対象物の要素設計と各要素を組み合わせたサブシステムおよびシステム全体の機能・性能を照査しこれらの最適化を図りシステム設計を完了させる．

⑦最後に，基本設計の成果を基に，事業主体が施工の直前に対象とするシステム要素の技術的検討を単年度ごとの実施設計として行う．この段階では，細部にわたる水理設計（水理計算など），構造学的な性能設計（耐久性，地震時安全性など）と基本設計では精査困難であった建設コスト評価（維持管理面を含めた経済性），安全性・信頼性，施工性能，施工の現実性（用地と周辺環境問題など）などを照査し，総合評価してシス

7.4 機能・性能に基づいた水路システムの設計の要点

テム要素の実体を設計する．

これらの作業と判断を経て，施工図面と設計図書などの設計解（設計対象のモデル）が出来上がる．この設計手順の流れは，先に示した図 7.1 と同様である．本図をさらに，実際に行われる農業農村整備事業を想定した上で，水路システムとして詳細に説明した各段階の設計手順を図 7.5 に示す[10]．

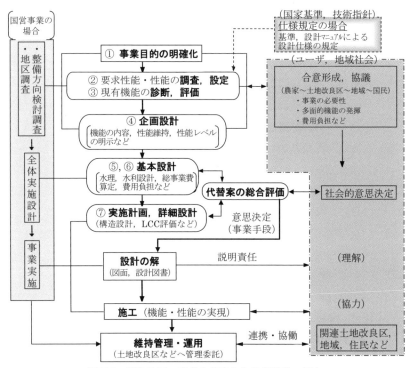

図 7.5　対象地区の事業を想定した性能設計の流れ

7.4.3　設計の内容

既存施設に対する性能設計の今後の課題について考えてみる上で，まず，図 7.5 に示した設計の流れの中の具体的な設計内容を下記に整理する．

1) 企画設計：広く水路システムに求められる機能・性能を調査により把握した上で現状の機能診断などを行い，設計対象の性能のレベルや指標を適切に設定しなければならない．要求される機能から，技術情報

化された性能を基本設計に的確に反映させるためには，これらの指標を定めなければならない．目標とする性能は，これを享受する主体（観点）により異なり，相互に競合する場合には，設計者は，各観点からの意向を理解し，各設計企画案の中の矛盾を最小化し，社会的合意形成を図らなければならない．

　なお，企画設計段階で一般的に対象とする機能の明示や性能の規定化が図られていない項目については，新たに明示と規定化を図らなければならない．

2) 基本設計：企画設計書を設計仕様の基本とし，調査で把握した現地の自然的，社会的諸条件をもとにして，細部の設計の基礎となる基本設計（システム設計）を行わなければならない．基本設計においては，水路システムが備えるべき基本的な機能・性能に関する条件を定め，企画設計で設定された各機能・性能のレベルや指標を基本にこれらを実現するために水利用に関する機能設計を中心に基本的な諸元および仕様を決定する．この際の成果品が新たな水路システムの機能図などになる．

3) 実施設計：基本設計において定めた水路システムの基本的な性能に関する条件および諸元に基づき，水路システムを構成する各施設要素について水理および構造を中心にそれぞれ細部実施設計を行う．細部実施設計は，各施設が要求される性能を実現するために，一般に事業の中で，予算年度単位で対象施設ごとに行うものである．また，基本設計において定めた設計仕様に従い，各施設の設計案に対する整合性についても配慮して行わなければならない．

　次に水路システム全体の設計において，重要な各工種への水頭配分について考える[16]．今後の性能設計段階において，許容流速限界の範囲内での各水路工種間の水頭配分（cost-slope tangent method）は，工種に依存する建設コストおよび補修などの維持管理・運用コストさらには，リスク管理費用などの総費用とともに，ライフサイクルコスト（LCC）の最小化や最適化を図る上で重要な検討事項となる．そして，既存システムの更新整備においての水路システム内の水頭再配分は，水路の流況や水管理の改善を目的とし

7.4 機能・性能に基づいた水路システムの設計の要点

た新設する調整施設，調整池および量水施設のために必要な有効水頭を生み出すことが可能になるなど重要な意味を持っている．図7.6には，更新・再整備事業に対する性能設計問題となる開水路やパイプラインなどの，各工種による水頭の再配分と性能向上についての想定される考え方の一つの事例を示す．

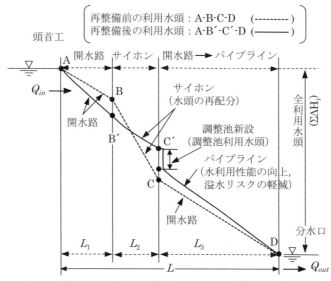

図7.6 再整備前後の水路工種とシステムの全利用水頭の概念図

図7.6は，頭首工から末端分水口までの動水勾配線を示した各工種への水頭配分図である．再整備前の水路は，上流から下流まで開水路系であり，その中間にサイホンが設置されている．そのサイホンには，前歴事業でサイホン建設の経済性から水路断面が最小化され，設計流速が速くその分の水頭が確保されていると想定する．再整備で水路下流末端部がパイプライン化されることから，そのパイプライン呑口に必要な調整池の有効水頭をサイホンの断面を大きくして新たに確保しようとする水頭配分計画案である．さらに，上流の開水路部（A-B間）は，水路の補修・補強による断面縮小により水頭を再配分する計画を想定している．また，パイプライン化される下流（C-D間）にも，必要圧を確保する必要から水頭を再配分している．このように，

ポンプを使わず自然圧により水路システムを再整備するには，まず，以上のような水頭配分の設計概念が重要である．正しく，仕様設計ではなく，性能設計により設計問題を解決する必要がある．

7.5 水利用機能に着目した水路システムの基本設計の流れ

実際の水路システム運用では，水路管理者は非定常な流況を管理する必要がある．この管理のための制御方式（どのように水路システムを管理するか）の設計が基本設計におけるシステム設計の重要なテーマとなる．2つの主要な問題として，「①末端配水ブロックへの用水配分をだれが決定するか（水管理方式），および②どのような方法で配水するか（システム管理方式）」がシステムの操作仕様になり，かつ水路システム設計者に対する境界条件となる．また，これらの事項をシステム設計技術者とシステムの管理者およびその利用者（土地改良区など）と一緒に考えることが重要である．

ここでは，1次および2次の幹線水路を想定した水路システムの中の調整施設および末端の分水工（口）までの水理構造の基本形状についてシステム設計上の手順の概要について説明する[17]．分水工（口）を経た末端配水ブロックへの用水供給のために，第4章以降で具体的に説明した①水管理方式（4章），②流量制御方式（6章），③調整施設（チェック工）（5章），④分水制御方式（5章），⑤分水量調整施設（5章）を順次設定し，システムの仕様を設計する必要がある．開水路系の場合についての手順を図7.7に示す．ここでは，5つの調整施設の基本形式と7つの分水量調整施設の基本形式が示されている．水管理方式は3つに区分され，これに対応して幹線水路の流量制御方式が対応し，そして，調整施設の操作方式（無操作，手動操作，自然調整，自動）が体系化されている．分水施設については，定比分水，間断分水，可変流量分水の3方式が整理され，これに対応する分水制御のための水理構造が7形式示されている．

次にパイプラインにおける手順を図7.8に示す．パイプラインではオープンタイプが開水路の上流水位制御に対応しセミクローズドタイプおよびクローズドタイプが開水路の下流水位制御に対応する．オープンタイプは各調圧水槽をサイホンで連結した形式であり，上流水位制御の開水路の水理特性

7.6 設計案の性能照査

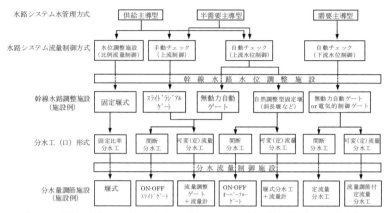

図 7.7 幹線水路〜分水工（口）の制御方式の選定手順（開水路の場合）

を有している．分水については自由水面を有する調圧水槽からスライドゲートなどで分水される形式が多い．一方，クローズド系のパイプラインでは始点および中間の圧力を下流へ伝達することのできるパイプライン特有の水理機能を有しており管路からの分水量調節は一般にバルブとなる．

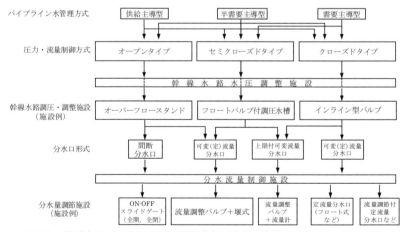

図 7.8 幹線水路〜分水口の流量制御方式の選定の手順（パイプラインの例）

7.6 設計案の性能照査[18]

設計時の要求性能を照査するには，目標性能としての指標の設定・明示，

照査項目とその照査法を例示する必要がある．照査法には，信頼性設計法，模型実験，数値解析および人間の経験や知識などがある．これらは，性能の指標値などその表記法と深く関連している．各性能の評価の尺度としては，①性能の限界状態が存在せず仕様化された方式により，その性能を照査するもの（方式，適合見なし規定），あるいは，②レベルやランクにより相対的に評価するもの（相対的数値表示），③その性能を別途，試験と実験などで定量的に照査しなければ決定できないもの（絶対数値表示），に大別できる．

表 7.6 には，地盤コード 21Ver.1.1 の照査法の分類を参考にした水路システムの水理学的手法を基礎にする水利用学的性能の照査手法の分類案を示した．これらの照査法は，設計時に実施可能な水理模型実験や数値解析と既存の施設に対しては，施設竣工時の通水試験などの初期点検または，機能診断時に行う現地試験に区分される．この他に，安全性や信頼性の評価技術にお

表 7.6　水路システムの水利用学的性能照査手法の分類

分類	内容
①計算・数値解析の方法	水理・水利用の挙動，動態を流体力学的な知識に基づいてモデル化し，計算により与えられた水路システム内の水理挙動を予測し，性能を照査する方法． 例：通水能の計算，定常数値解析，非定常数値解析
②水密・水圧試験	水路システムを構成する水利構造物の一部または全体を用水または，流水を用いて実試験する． 例：水圧試験，流水抵抗試験（粗度係数あるいは，流速係数のプロトタイプ水理実験）
③モデル（水理模型実験）試験	スケールダウンした水利構造物のモデルに用水（実験用水）を流下させ，構造物の水理的な性能を照査する方法． 例：分水工，落差工などの水理模型実験
④観測的（現地水理・水利観測）方法	現地にて，水位や流量の観測により水理現象および水利状況を把握して，その性能を照査する方法． 例：充水・通水試験，一斉流量観測
⑤適合見なし規定	性能の限界状態や最適値が存在しない性能項目について，仕様化された管理・制御方式（主体的なシステムの動作）でその性能を照査する．この照査の有効性は，技術者の知識・経験で保証される． 例：システムの適正な性能の発揮を保証する水管理方式の設定など

地盤コード 2.1ver.1.1 をもとに作成

表7.7 用水路系の主要な要求性能の照査項目と指標案

性能分野		要求性能（方式）	性能・照査項目	照査指標（性能目標）の例
本来性能	水理に対する性能	通水性（通水能）	通水量，水位（余裕高），水密性	水位・エネルギ位，水面動揺，漏水量，フルード数，粗度係数，水路底勾配
		水理学的安全性（パイプライン）	水撃作用	水撃圧経験則予測値，安全率（経験則との比）
		水位・流量制御性（方式）	水位・流量制御特性，制御精度	制御方式（比例制御，上流水位制御，下流水位制御など），制御精度
		分水制御性（方式）	分水工（口）制御特性（水位・流量制御，計量）	制御方式（5段階），制御精度（パイプラインでは定比はない）
		水路内貯留性（量）	水路内貯留量（正・負）	調整容量，調整時間
		放余水性	放・余水能，用水の保持性	放・余水量（用水の保持性），放水時間
	水利用に対する性能	送配水性	施設管理用水，用水到達	送配水効率，用水到達時間
		水管理性（方式）	用水配分の意思決定方法（供給・需要）	水管理方式（3段階：供給主導，半需要主導，需要主導）
		分水均等性	システム内分水特性	分水均等度（率）
		配水弾力性	システムの用水需要に対する応答性	自由度，調整時間，調整容量
		水管理制御方式（操作・運用方式）	遠隔・遠方・機側監視制御，手動・電動	水管理制御指針で規定化されている
		保守管理・保全性	点検・保守の容易性・頻度	保守管理頻度，容易性，スペース等
		対人安全性	危険性	安全度，危険度
		環境性（狭義）	景観性，親水性，流水の騒音・振動	景観評価値，騒音（dB），振動（Hz）等
	構造性能	安定性，使用性，耐久性，安全性	（省略）	（省略）
安全性・信頼性		施設信頼性	水理・構造学的安全性等	リスク評価，漏水事故率
		水利的信頼性	分水均等性，配水弾力性	各分水地点の利水安全度
環境性（広義）		多面的機能	洪水緩和，地下涵養，防災機能	経済（貨幣）価値等

いては，確率的評価手法が構造性能分野の耐震性などの評価で不可欠となる．

次に，性能の特性に対応して，照査項目および要求性能を具体的に達成できると判定する性能の指標あるいは，レベルや方式などの性能表示の規定化が必要になる．指標化は，性能の設定および水理実験や数値解析結果からの設計をより客観的かつ一般化するために不可欠である．なお，指標は分かりやすく，容易に計量でき，かつ，継続的に利用されるものを選定して行く必要がある．数値的指標値を設定する性能には2種類あり，1つは，構造に関連する性能のように想定する作用に対して確率論的に安全性などを確保するなど性能の限界値が存在し，限界設計とそのコストを評価する問題である．もう1つは，水利用に対する性能のように各観点からの性能要求の下にコストなどの他の性能間でトレードオフ関係にあり，最適化設計する問題である．これに適合見なし規定が加わり，各性能の指標は，設計の内容から，①方式および相対的レベル値，②限界値と管理水準，③最適値（他の指標とのトレードオフ）に区分できる．照査項目と設計する性能指標などの案を表7.7に整理した．なお，要求性能の整理段階で分水制御性など，分水量の設定精度として数値でその性能を指標化可能であるとともに，分水制御方式としても規定化可能な指標も存在する．

具体的に，水利用に関する分水均等性を事例に指標を検討する．これまでの分水口の仕様設計は，計画最大分水量と必要引き継ぎ水頭の確保を目的に実施され，運用上のある地点の分水口の過分水や用水不足は，供用後の水管理労力による対応を基本にしていた．一方，性能設計では，均等分水性の照査は，パイプラインであれば，下流端を圧力境界に置き，バルブ操作などで可能な分水量を算定して，たとえば，以下の式（7.1），式（7.2）に示す個々の分水バルブおよびシステム内の分水均等度を算定し，必要な均等性を確保する分水バルブ形式の選定，バルブ開度の設定や減圧設計を行うことになる．この性能は，分水バルブや減圧経費などのコストとのトレードオフの関係にあり，さらに，過分水の影響による送配水性の限界値に達する性能低下の問題も発生する．

$$q_i(\%) = \left| 1 - \frac{\text{解析による流量 (m}^3\text{/s)}}{\text{設計流量 (m}^3\text{/s)}} \right| \times 100 \qquad (7.1)$$

ここで，q_i は，個々のバルブの（不）均等度（％）

$$q_s(\%) = \frac{\sum_{i=1}^{n} q_i}{n} \tag{7.2}$$

ここで，q_s は，システムの（不）均等度（％），n は分水口の数

さらに，既存システムの性能診断では，現地の一斉流量観測や分水口地点の積算流量を計測することにより，均等性を照査することができる．

参考文献

1) G. ポール・W. バイツ（設計工学研究グループ訳）:工学設計，培風館（1995）p.1.
2) 吉川弘之・冨山哲男：設計学－ものづくりの理論－，放送大学教育振興会（2000）pp.9-21.
3) 前掲 2），pp.70-79.
4) 前掲 2），p.45.
5) Hervè Plusquellec: Improving the Operation of Canal Irrigation Systems, The Economic Development Institute of the World Bank（1988）pp.IR2-IR6.
6) Hervè Plusquellec Charles Burt, and Hans W. Wolter: Modern Water Control in Irrigation Concepts, Issues, and Applications, World Bank Technical Paper No.246, The World Bank（1994）pp.1-5.
7) 前掲 6），pp.6-7.
8) 農林水産省農村振興局：土地改良事業計画設計基準　設計「水路工」(2001).
9) 農林水産省農村振興局：土地改良事業計画設計基準　設計「パイプライン」(2009).
10) 中　達雄・田中良和・向井章恵：施設更新に対応する水路システムの性能設計，農業土木学会誌，71（5）(2003) pp.51-56.
11) 前掲 8），技術書，p.408.
12) 前掲 9），p.6.
13) 前掲 9），技術書，p.175.
14) 前掲 9），技術書，p.145.
15) 藤野陽三：性能照査型設計の意味するところ，佐藤鉄工技報，Vol.12（1999）pp.1-2.
16) 前掲 8），pp.30-31.
17) P. Ankum: Some Ideas on the Selection of Flow Control Structures for Irrigation, ICID 15th Congress The Hague Q.44 R.66（1993）pp.855-869.
18) 中　達雄・樽屋啓之：用水路系に対する水利学的性能の基本的考え方，農業農村工学会論文集，256（2008）pp.9-15.

第 8 章　水路システムの機能保全

8.1　はじめに

　1950 年代以降，国営・県営かんがい排水事業などで整備された農業水利システムは，施設および管理の両方の組織がバランスよく整備され，水資源の有効利用と用水管理の合理化を図りながら，農業生産の安定化と向上に大きく貢献している．現在，全国の農業水利システムの中の農業用水路の延長は，約 40 万 km 以上，その内，基幹的水路（受益農地面積 100ha 以上）は約 5 万 km にも上り，そのネットワークは全国に及んでいる．しかし，それらの施設も建設から長期間が経過し，社会変化に対応しての機能の保全を図る時代となっている．現存する農業用水路の建設された時代は，図 8.1 に示すように，1995 年度時点でその 90％以上が 1945 年以降のいわゆる戦後に造成されたものである．その後，2011 年 3 月時点で，これらの施設の約 3 割が標準耐用年数の 40 年を経過しているといわれている．

　今後は，構築された農業水利施設のあらゆる機能を適切に診断し，可能な限り低コストでその機能とこれを実現する性能を維持・向上するためのシステムの機能保全計画を樹立し，その価値を維持向上させる手段を講じて行く必要がある．農業水利システムの中での機能保全の中心になるものが地域に広く分布する水路システムである．このため，これまで本書で考えてきた水路システムの構造，機能・性能および水管理や制御特性などを踏まえ，本章では，機能保全の前提となる機能診断について，水路システムの本来機能である水利用機能とこれを支える水理機能を中心に考える．構造機能の診断については，関連の文献[1]などを参考にされたい．

　なお，水路システムの水利用機能とは，第 2 章で定義したように「水源から分水口または圃場まで，適時，適量の用水を無効放流することなく効率的，公平かつ均等に送水・配水する」機能である．また，機能保全をここでは，対象とする施設やシステムの機能を維持・向上させるための補修，補強から改築・更新までの行為を指す．

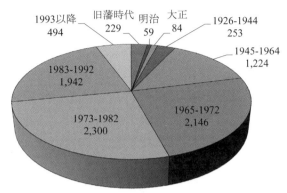

図 8.1 用水路の建設年度別整備状況（箇所数別）（全体：8,731 ヶ所, 平成 7 年度時点）
（農林水産省：基幹水利施設状況調査結果全国版, 平成 9 年 3 月より整理）

8.2 機能保全（ストックマネジメント）と性能

2007 年 3 月に農林水産省から公表された「農業水利施設の機能保全の手引き」[2)] では，機能保全（ストックマネジメントという）は，「①既存施設の状態を定期的に診断調査および評価し，②これに基づく劣化予測を行い施設機能の保全対策を比較検討して，③適時・的確な対策を選択実施するとともに，④施設に係るデータの蓄積を図ることにより施設の継続監視に活用する」などの取り組みを基本とすると解説されている．本定義は，劣化予測など，どちらかといえば，施設の構造機能を主眼においた定義となっているが，水利用機能に対しても，概ね適用できる概念である．ここでは，水利用機能の特性も踏まえ，この基本的な定義に従い，構造機能との観点の相違も考えながら，水利用機能の診断について考える．

これまで，農業水利施設の工学的課題は，用水補給や施設更新など，施設の新設のための調査，計画，設計，施工などがテーマであった．一方，農業水利施設の機能保全では，既存施設の状態を監視して，既設施設に対し適切な対策を継続的に講じる一連の有機的な取り組みであるサイクルマネジメントの手法を適用する必要がある．施設の状態を監視するとは，正しく，施設の機能を設計供用期間にわたって評価し，適時，適切に機能を保全し，その維持を長期的に図ることに意味があり，この考え方を技術的に明確にしておく必要がある．ストックマネジメントの取り組みは，対象とするシステムの

機能をその性能として可能な限り把握して,「①性能の監視(データ蓄積)→②性能の診断・評価→③性能低下の将来予測と対策から維持管理・運用までの計画・設計(費用負担などの合意形成を含む)→④性能のあるべき水準への実現(補修・補強・更新など)→①→…」の一環として性能に着目した持続的な技術サイクルであるべきである.土地利用型農業などが営まれ,農業水利施設が社会的に必要とされる限り,このサイクルを継続し,その過程で,その時々の社会の要求に応じた性能の向上を実現するために,関連技術の向上が必要である.ストックマネジメントとは,継続的なライフサイクルマネジメントとも言える.図8.2は,性能の維持および向上の概念図が示してある.構造機能では,経年的・物理的な劣化などにより初期の性能が低下し,何らかの管理レベルまでに低下することを予測して,予防保全的に補修・補強を加えることにより当初の機能まで経済的に回復することが機能保全となる.一方,水利用機能では,要求される機能・性能が時代とともに変化・向上することに対応するために当初の従来の性能を向上させなければならない社会的必要性(社会的劣化)も生じ,これも機能保全の範囲であると考える必要がある.先の手引き[2]では,性能の中で,主にコンクリートフルーム水路の構造性能に着目し,その構造学的劣化状態とその後の対策の必要性を健全度指標(5段階)によりマクロ的に評価する機能保全を中心にしている.今後は,この基本的な考えを基礎にした技術展開により,構造要素からシステム全体を俯瞰し,より広範囲な性能に着目して機能保全を行う技術体系の構築が望まれる.なお,機能の低下の要因としては,初期の計画・設計・施

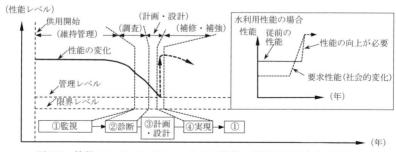

図8.2　施設のライフサイクルにわたる性能の維持または向上の概念

工の不適による初期故障も少なからず存在することの実態認識も技術者として必要である．

さらに，構造に関する機能・性能の低下は，主に物理的な経年劣化（材料特性，気温変化，湿度，紫外線など）によることが多い．一方，水利用機能に関しては，施設の物理的老朽化に伴う水理機能の低下の他に，耕作や栽培形態の変化による水利用の変化あるいは管理者の高齢化や不足などによる水管理機能の変化など，社会の時代的変化による相対的な機能・性能の低下も考える必要がある．水路システムが存在する地域の農業水利を巡る動向など，施設の物理的な変化以外にも留意する必要がある．

8.3 農業の水利用の変化[3]

システムが数十年前に計画・設計・施工された当時と現在（診断時）の農業の水利用の状況は，社会や農業の動向にともない当然大きく変化している．そして，求められる機能・性能もその変化に対応する必要があることは当然のことである．たとえば，水田灌漑の場合には，よく指摘されているように，末端の用水需要や水資源状況などに関して，次の事項が顕著である．

①早期化，晩期化などの稲の作付け時期の変化
②用水需要の時期的，時間的集中化
③農業の担い手の形態の変化
④既存水源の枯渇およびその水利用の低下

近年の営農体系の変化により，西日本などでは，稲の作付け時期は，従来の6月上旬から4月～5月へ移行する傾向にあり，水利権で規定された河川からの取水パターンと実際の用水需要パターンに不整合が生じ，4月～5月に用水不足を来す結果となる場合がある．また，水利計画上は，送水系と配水系とも一日24時間の圃場での灌漑時間を前提として水路施設容量が決定されている場合が多い．しかし，現実の用水需要は，末端配水ブロックのパイプライン化の進展や圃場水管理の実態などに対応して，一日の中で用水需要の集中化など時間的に大きく変動することがある．たとえば，朝方から日中にかけては用水の需要が集中して供給不足が生じ，逆に夕方から夜間では需要が減り，管理用水が発生する場合がある（図8.3）．さらに，今後は

担い手への農地の集積により，経営・営農規模が拡大し，小人数で数多くの圃場の水管理を行なわなければならない状況が予想され，これらの影響による用水需要のパターンの変化も想定する必要がある．また，事業計画の中では，既存の水源（ため池，中小河川など）の不足分の用水を供給する補給灌漑の水利計画であるにも係わらず，実態は用水補給のための水路のある分水口でその地区の必要用水量の全量が取水され，この影響が下流の分水口に波及し，下流域で用水不足を来すこともある．これは，既存水源への依存度やその水利用の低下を示すものである．

このように，当時の水利計画と数十年経過した現在の用水の使用実態は大きく変化している場合が多い．このため，用水計画とのギャップ，現状の営農形態，圃場の水使用実態，水路システム内の分水口の操作管理の実態の把握は，水利用機能の診断調査の手始めである．

図 8.3 用水需要減少時の中間調整池余水吐からの管理用水の発生事例

8.4 予備的な水利用機能調査（ヒヤリング調査）[3]

ここでは，土地改良区など長年の施設の運用管理経験を有する管理主体に対して計画設計技術者が行う機能診断のための聞き取りなどによる既存水路システムの予備的な水利用機能調査について考える．本書において，これまでに考えを整理した水管理方式および配水方式などの知見を活かして，現況施設の管理実態や現状の機能・性能を明らかにするための調査事項の例を表 8.1 に示す．

各調査項目の中で，1.～3. までに聞き取った内容は，今後本格調査で進める水路システム機能図，水路システム管理図，水管理方式の模式図などの

8.4 予備的な水利用機能調査（ヒヤリング調査）

表 8.1 水利用機能診断のための予備調査事項一覧

調査項目		調査内容	蓄積データ（主なもの）
1. 地区の概要および水路システムの構造	1-a	水資源状況（主水源，補給水源），水利権量，現在の用水需要パターン（作付期の変動など）	水路システム機能図
	1-b	幹線水路，分水工，支線水路，分水口（給水栓），圃場内水路	
2. 管理組織（内容，人員など）と管理範囲	2-a	国，県，土地改良区連合，単区土地改良区，水利組合，個人（農家）	水路システム管理図
	2-b	配水調整・計画委員会，渇水調整委員会	
	2-c	組織関係	
	2-d	水管理における組織間の情報伝達	
3. 水管理方式（通常の送配水管理）と分配水量の操作	3-a	需要量の把握方法および取水量，送水量，配水量（分水量）の決定方法と根拠	水管理方式の模式図 水管理カルテ
	3-b	送水量操作方法（ゲートバルブ操作など）	
	3-c	配水管理，分水口構造，末端整備の動向	
	3-d	渇水時の操作方法（番水など）	
4. 幹線水路の水位チェック方式	4-a	チェック方式（固定堰，スライドゲート，自動ゲート，フロートバルブなど）	水路システム機能図 水管理カルテ
	4-b	マニュアルゲートの操作方法	
	4-c	チェック水位の目標値	
5. 現在の幹線水路の調整機能	5-a	調整池の有無	水路システム機能図 水管理カルテ
	5-b	開水路の調整機能	
	5-c	無効放流量，管理用水量	
6. 現在の水路システムの水管理機器システム	6-a	水管理システムの導入状況（中央管理所，データ収集・処理，TC/TM）	水管理カルテなど
	6-b	電子通信機器制御システムの老朽度，活用度，有用性	
	6-c	送配水流量把握（幹線水路，分水工（口））方法	
	6-d	目標値（水位，流量など）の変動に対する操作方法（監視制御の方法：TM/TC，TM/機側操作，巡回監視操作（労力，時間，頻度））	
7. パイプライン維持管理	7-a	水理縦断図	―
	7-b	漏水事故	
	7-c	漏水事故処理	

作成の参考とする．水路システムの機能図とは，その構造，機能，操作法などが理解できるように，各施設要素を記号化した模式図である．水利用的な計画・設計では水路システムの水利用機能を統一的に表現する手段を準備することが有効であり，地区の水利用計画を知る上で便利な用水系統図やパイプラインの水理，水利用学的検討で使われている水理縦断図をさらに発展させた表記法などが考えられる．水利機能図の例を図8.4に示す．水路システム管理図は，管理組織図，分配水系統図などの情報を整備するものである．この例を図8.5に示す．水管理方式の模式図は，第4章（図4.3）で紹介した各水管理方式の分配水量の意思決定手順および分配水量の操作手順をフロー図で示したものを整備する．

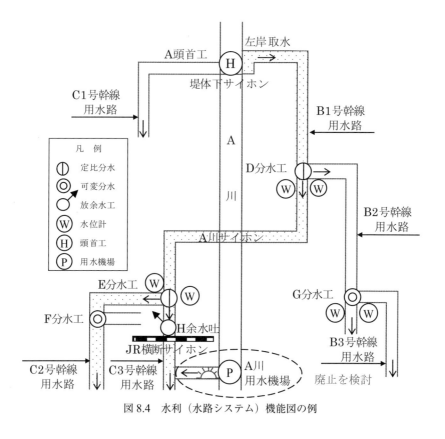

図 8.4　水利（水路システム）機能図の例

8.4 予備的な水利用機能調査（ヒヤリング調査）

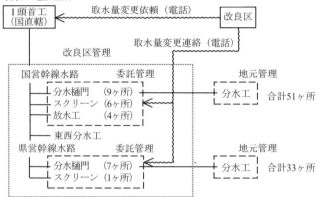

(2) 各施設の管理者
　　幹線水路　　：改良区
　　分水樋門等　：改良区が委託する管理者（高齢化に伴い，適者が減少）
　　東西分水工　：改良区
　　末端分水工　：地元

(3) 各施設の管理方法
　　幹線水路　　：改良区が定期的に巡視
　　分水樋門等　：改良区からの連絡により管理者が操作　｝草刈り，ゴミ清掃，
　　東西分水工　：改良区が操作　　　　　　　　　　　　　　補修は改良区が行う．
　　末端分水工　：地元が操作（粗放管理が進行）　　　　　　（ゴミの増加と処理費
　　　　　　　　　　　　　　　　　　　　　　　　　　　　　の増大）

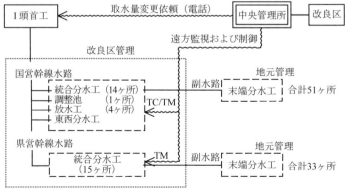

図 8.5　水路システム管理図の例

次に，幹線水路のチェック方式については，わが国の開水路系では上流水位制御方式が一般的である．その操作性および流況の安定性などを調査する．ゲート操作については，操作頻度，操作時刻，労力，必要時間，危険および過重労働などを聞き取る．幹線水路の調整機能については，最近の末端配水ブロックの用水需要変動やパイプライン化を背景として益々重要となっており，無効放流の発生や管理用水の増大などの実態も含めて調査する．水管理制御機器やそのシステムについては，その使用実績，有用性および維持管理実態を調査する．

以上の予備調査から，現在の水利用機能の問題点の概略を取りまとめ，本調査診断へ引き継ぐことになる．水理機能についても，その性能項目ごとに調査し，調書（水路カルテ）に記載された事例を表8.2に示す[4]．

8.5 水理機能の現地調査事例[5]

灌漑期および非灌漑期において，現地での目視が可能な開水路を対象に水理機能診断のための水理学的着眼点を考える．一連の現地調査や事例収集を進める中で，水理機能および水利用機能上いずれの問題（障害）であっても，問題は通水施設としての水路部ではなく，分水工，調整施設やサイホンなどの構造物それ自体かその周辺に発生する場合が多い．水路システムは供給された用水を適切に配分し，それを需要量と適合するように調整することを本来的な使命としており，それが果たすべき基本的機能である．この機能の中心的役割を果たす施設が調整施設をともなった分水工（口）である．

調整施設や分水工（口）が十分機能せず，水理的な問題が生じている現場では，分水工（口）の周辺に水理学的な問題やシステム全体の分水の不均等が発生している場合が多い．図8.6は，調整ゲートなどの下流で発生する露出射流にともなって発生する逆サイホンへの空気混入現象である．これらは水路の通水障害や溢水などをもたらす不安定な水理現象の代表例である．

これらの問題の多くは，流れの不連続が生じている現象が原因であり，下流水位の不足により生じ，露出射流の減勢のための静水池の配置や下流水位を適切に確保・維持することによって改善される．図8.7は，上述の問題の発生原因を模式的に描いたものである．この他に分水工（口）と落差工など

8.5 水理機能の現地調査事例

表 8.2 性能に着目した水理機能の調査例

性能診断項目		性能の記述	調査項目		記入欄
水理に対する性能	1. 通水性	用水を安全かつ確実に流す性能	水路水密性		㊀水密あり・水密なし
			水路側壁の摩耗状況		摩耗あり・㊀摩耗なし
			水路断面変形		変形あり・㊀変形なし
			水路縦断線形 （水路底標高，沈下など）		㊀なし（一部区間で不同沈下および地下水圧による隆起あり）
			その他（水路基面の変状，ゴミ・土砂堆積など）		通水性低下の要因と考えられる藻の発生・付着による変状あり 通水性の低下により下流へ用水を供給できない問題あり
	2. 水位・流量制御性	送水の操作方式と水路内の水位・流量制御の性能	チェックゲートなど水位調整施設の有無と運用状況		施設（有・㊀無）運用の状況：上流水位制御型自動ゲートを導入する要望有り（C2号幹線水路分水工）
			幹線水路の水位チェック方式（固定堰，スライドゲート，自動ゲートなど）	○チェック方式	比例制御（㊀レベル1）・上流水位制御（レベル2）・下流水位制御（レベル3）
	3. 分水制御性	幹線水路または支線水路から用水を分水する制御性能	現況分水工（口）の制御方式など		定比分水（㊀レベル1）・間断分水（レベル2）・可変流量分水（㊀レベル3）・上限付可変流量分水（レベル4）・可変定流量分水（レベル5）
	4. 水路内貯留性	用水の需要と供給の調整や通水の余裕量を確保して，かんがいの自由度や不測の事態に備える性能	調整池などの有無		調整池など（有・㊀無）
			開水路の調整機能		調整機能（有・㊀無）
	5. 放余水性	水路システムに流入する雨水や洪水，または水路システム内の用水を排除する性能	豪雨，洪水時の管理方法	○分水工の止水操作	㊀有・無
				○余水放流操作	㊀有・無
				○監視操作	㊀有・無

が隣接する区間についても，この流れの非連続が生じやすいので，調査のポイントとして注意が必要である．

図8.6 分水口の下流に設けられた調整ゲートの下流流況とその直下流に位置するサイホン呑口部の空気混入の流況．

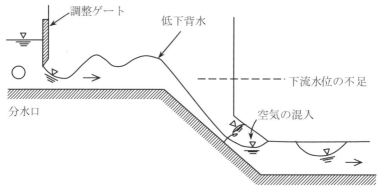

図8.7 調整ゲート下流水位不足による水理学的問題点（逆サイホン呑口部）

8.6 水利用機能診断の手順[6]

8.6.1 手順の概要

　水路システムの機能診断は，対象とする水路システムの基本構造を分析し，階層的に構造化された主要な地点の機能などを具体的に診断することにより，現況の問題解決や将来の管理計画の立案につなげることを目標としている．機能診断は，第7章で説明した機能と性能に着目した性能設計の考え方に立つ．水路システムの各地点において，最初に機能ありきと考え，その機能を発揮するための施設を配置するという考え方を基本とする．これは，従来

の仕様規定化された設計法が，最初に，頭首工，水路，分水工（口），調整施設，余水吐，落差工などの施設や構造物などの物象を考え，最後にそれらを統合して水路システムを設計していたこととは，逆の関係になる．特に，補修・補強や更新などの事業が主流になる水路システムに対して，この設計思想は重要な意味を持つことになる．

　本手順では，水路システムの基本構造を与え，その構造に付随する基本機能を定義する．そして，水路システム全体を，それらの基本構造だけを使って実際に構造化するところから開始する．その結果，水路システムの持つ機能と性能がシステムの階層的構造の下で診断され，各階層の水利用機能に関する問題解決につなげることができる．第 2 章でも見たように水路システムは，階層的な構造を持っている．具体的には，図 8.8 に示すように水路システムの基本として，ここでは新たに分水システム，集水システム，連結システムに分解する．その代表点を分水点，集水点，連結点とよぶ．

図 8.8　水路システムを構成する基本システム

　なお，調査診断する水路システムの範囲は，原則として最上端から最末端までの全階層区間とする．しかし，時間的にも要員的にも一度に調査診断を行うことが困難な場合が多いので，予め優先順位を決め，少なくとも水理学的な連続性を有する単一の水理ユニットを最小単位として実施することが重要である．

8.6.2　手順の内容

　調査診断は，原則として，図 8.9 に示す 4 段階の Step によって実施する．

(1) Step0

　予備調査を踏まえた水利用機能の本調査・診断のスタート段階であり，水路システムの全貌をつかむためのプロセスである．各機能代表点において，

第8章 水路システムの機能保全

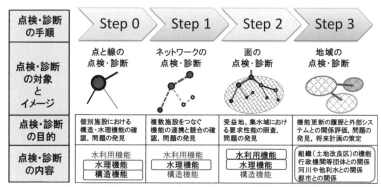

図8.9 水路システムの水利用機能の診断手順と内容[6]

「点の調査診断」を行う．ここで対象とすべき問題としては，分水位の不足，分水ゲートの誤作動，ポンプの故障や不具合，分水流量の不安定性，ゴミの流入，サイホンの空気混入，落差工の減勢不良と水面変動，チェックゲートの誤作動，などである．先に述べた水理機能の点の詳細調査となる．多くの現象について，すでに管理者側で把握している水理現象も多いが，水理学の基礎的知見をもとに診断を下す必要がある．現象の実態が不明で複雑な水理現象に付いては，分水工，落差工およびサイホンの一部など点的施設の水理模型実験を行うことにより，現象を再現・確認し，必要となる対策の水理設計を行うことがある（図8.10）．

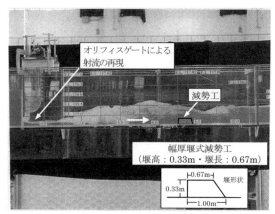

図8.10 落差工下流の減勢不良解消のための水理模型実験例

8.6 水利用機能診断の手順

(2) Step1

Step1では，機能代表点の上下流階層間および複数点をつなぐ，基本機能の連続性を診断する．これを「線の調査診断」とよぶ．ここで対象となる問題は，複数のゲート，バルブなどの相互干渉，多地点間のサージング，脈動，サイホンと分水工（口）の干渉，中間調整池の容量不足，水撃圧現象による管路破壊，などである．この診断などに開水路システムやパイプラインの非定常解析などの数理モデルにより，現象を定量的に把握し，対策案の提案などを行うことが有効である．

(3) Step2

Step2では，末端配水ブロック単位での受益地に必要な用水が配分されているかの調査診断を行う．「面の調査診断」である．用水不足などの水利用の需給バランスに関する問題を扱う．

(4) Step3

Step2までで，地区の現況の問題に対する空間的な把握が済んだら，将来の機能設計方針の検討に入る．地域の水利学的歴史を踏まえることが重要と考えられることから，過去の情報を集約して，過去に関する図面（分集水平面図）の復元を試みる．そして，過去と現況の機能診断データを全て検討資料として，利害関係者が一堂に会し協議する機会を作る．協議では，今後予測される農業情勢，自然環境の変化，地域の土地利用の変化，人口の動向，管理負担の在り方などを議論しながら，将来の図面（分集水平面図）を描き．将来の整備方向や事業化などの検討資料として，次世代へ確実に引き継ぐことが重要である．これらの調査診断した成果も重要な資産と位置づけ，認識することが必要である．

これを基に今後の水管理方式などの戦略を策定し，目的とする水利用機能とこれに対応した設計仕様を具体的に決定して行く必要がある．

従来の水路システム設計は，計画最大流量がシステム内を定常的に安全に流下するように施設容量と施設諸元を決定することを意味していた．

しかし，実際の水路システム運用では，時々刻々変化する用水需要の変動による非定常な流況を管理する必要があり，このための水利用機能の実現が重要となる．その設計仕様を決定するためには，まず既存のシステムの水利

用機能の管理者に対する聞き取りによる実態把握と診断(問診)を行い,その情報を基に蓄積されている水管理データの分析や流量観測による水路流下流量と配水量の実態把握などの詳細な調査を進める必要がある.その後,システム設計で従来から行われている数理モデルシミュレーションにより,現行および改修・更新後のシステムの動的特性の解明など水理・水利用機能面における定量的診断・評価を行い,機能保全のための実施計画・設計を進めることになる.また,これに合わせて事業地区の関連情報などのデータベース化なども重要となる.

8.6.3 調査診断結果の集約

調査診断結果は,報告書にまとめる中で,水路システムの水利用機能を一般に分かりやすくまとめる図面を残すことが有効である.その際に,水路システムの階層構造を表現した分集水平面図を活用する.その手順を下記に示す.

① 対象地区の水路システムの用水・排水系統図を作成する.用水補給の場合は,既存水源の位置と容量も把握する.
② 用排水系統図の全ての分水・集水点における分水・集水機構を調査する.
③ 全ての水位・流量制御施設(ポンプ,堰,各種ゲート,角落しなど)の位置を確認し,それらの施設の分水・集水機能上の位置づけを調査する.
④ 用排水系統図の全ての水路,調整池に水路階数を設定する.
⑤ 反復水利用区間を調査し,④の設定に矛盾が無いかを確認する.

以上の手順に基づき作成した分集水平面図の事例を,図 8.11 に示す.
その他留意すべき事項を次に示す.

1) 用語の精査

土地改良区職員と行政担当者および計画設計技術者が使用する言葉(できる限り定義の明確な言葉,外部に通用する言葉,いわゆる業界用語は不可)を共有することが重要である.

2) GIS およびデータベースの活用

水理縦断図,分集水平面図の管理,主要機能点に集約可能なデータベースの管理は,GIS を介して行うのが効率的である.

8.6 水利用機能診断の手順

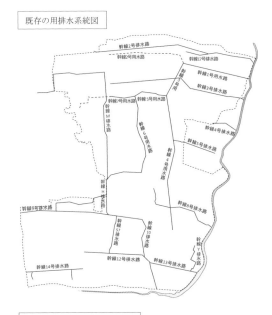

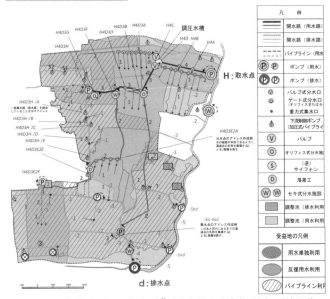

図 8.11 分集水平面図の作成例[6]（千葉県山武東部地区の現況図）

3）主要地点の名称

　分集水点ごとに，発揮される機能には特徴や個性があるだけでなく，それぞれの分集水点は，それより下流の受益地に対する分集水上の責任を有しているため，それぞれの地点に，統一的な記号で名称を付けておくと，施設管理上便利である．また，主要な機能代表点に固有のアドレスを付けておけば，将来的に，診断の履歴を GIS やデータベースで管理する際にも便利である．

　ここでは，一例として，各分水地点を取水地点から当該分水点に至る経路の違いによる名称の付け方の一例を説明する．いま，対象とする用水路システムにおいて，河川取水地点を H（Head work の意）とし，取水直後の最初の幹線が水路階数 4 に相当するとすれば，最初に到達する分水点の名称は，取水地点からの経路を基に，「H4A」と書くことができる．A，B，C，D は，同一階層において，上流に近い方からアルファベット順に付ける地点の識別記号とする．図 8.11 に，アドレスの作成例を示した．一方，集水については，河川排水地点を d（drainage works の意）とし，下流に近い方から，分水に倣って階数と識別記号を並べた．なお，集水地点の識別記号にはアルファベットの小文字を使用し，分水と間違えないように工夫している．アドレスの作成方法に決まりはないが，地点の ID として，管理に使え，なおかつ分かりやすい表示方法を工夫する．

参考文献
1) 中　達雄・高橋順二：農業水利施設のマネジメント工学（第 4 章　農業水利施設の機能診断・補修・補強の技術とリスク管理），養賢堂（2010）pp.95-168.
2) 農林水産省（食料・農業・農村政策審議会分科会）：農業水利施設の機能保全の手引き（2007）．
3) 中　達雄・島　武男・田中良和：更新・改修のための水路システムの水利用機能診断，農業土木学会誌，69（5）（2001）pp.1-6.
4) 三春浩一・田中良和・向井章恵・樽屋啓之・中　達雄：用水路システムの水理および水利用に対する機能診断事例，農業農村工学会論文集，260（77-2）（2009）pp.114-119.
5) 樽屋啓之・三春浩一：用水路系における水理・水利用機能診断のチェックポイント，農業農村工学会誌，77（4）（2009）pp.11-14.
6) 樽屋啓之・中田　達・田中良和：水路システムの水利用機能診断のための手順，平成 23 年度農村工学研究所成果情報（2012）pp.19-20.

おわりに

　現在，わが国の農業水利施設の中心として存在する水路システムでは，機能保全や更新などの事業が進展しつつある．これらの事業を成功させるためには，水路システムの持つ本来機能および従前の管理実態を十分把握し，構造機能のみならず農業水利施設に固有の水理・水利用機能の向上および管理・操作の改善などを図る目的を明確にした対応が不可欠である．しかし，事業現場において，関連する概念整理や技術用語の体系化が不十分であることにより，問題の所在が見えにくくなり（複雑な対象に対するシステム工学的な認識の不足），考え方や考えている範囲が関係者や各技術者でまちまちであるため議論がかみ合わない（対象と観点の不一致）状況がよくみられる．

　海外や国際組織の水管理・灌漑分野においては，すでに約30年前からそのような問題の重要性が指摘されていて，数々の取り組みが行われてきていた．アメリカでは，1987年に土木学会（ASCE，灌漑排水分野）において，この分野の統一概念の整理がなされた．その後，1993年にオランダのAukum氏がICID（国際灌漑排水委員会第15回世界大会）で幹線水路の管理操作概念の統一を行った．その後，ASCE（1998年）において用水路の流量制御アルゴリズムの技術的整理が議論された．この様な状況の中，今から10年ほど前に，わが国では土木構造物全般に対する性能設計手法の導入の機運が高まり，農業水利施設や水路システムについてもその初期段階としての機能と性能の議論が盛んとなった．

　一方，私たちの研究のために，数多くの水路システムに関連する事業現場に入り，管理運用者である土地改良区などから水利学的問題の発生している水路の実状を聞き取り調査することがある．その成果をどのように整理し，分析すれば，より効率的な技術的課題の解決や今後の研究の進展に繋がるかを考えている時に，この機能と性能によることが重要であることに気づいた．さらに，2004年，国際協力機構（JICA）の灌漑分野の短期専門家として歴史的に灌漑が発達しているエジプトナイルデルタに派遣された時に，フランス製のディストリビュータという分水施設が現地でうまく活用されていない

おわりに

という問題に取り組み，そこでずっとその原因を考えた．そして，その場で水路システムの機能として重要な「上流制御（upstream control）」と「下流制御（downstream control）」という用語の意味を，実感として理解できるようになった．

　その後，水路システムの制御理論の理解をさらに深めることができた機会が，2007 年，アメリカ国開拓局（USBR）のテクニカルサービスセンター（TSC）での水路に関するワークショップの参加である．それまで散発的に理解してきたと思われる水路システムの水理と動作特性などが，論理的に理解でき，水路システムの機能や性能という用語とその意味が，よく実感できた．そこで，これらの知見を文献に取りまとめる必要性を痛感して本書をまとめるに至った．

　本書は，これまでに著者らがたどってきた水路システムの本質の理解を読者にもたどれるよう関連の知見を取りまとめたものである．国内外の文献を調査し，わが国の用水管理実態を現地調査に基づいて把握し，わが国における幹線用水路系における水管理の統一的な概念と，わが国の灌漑の実態に合致した水路システムとその機能・性能や水管理の考え方をわかりやすく解説することを意図とした．これまで，国内において，このような編集意図で体系的に整理された教科的な書籍はなく，国内の水路研究者，水路事業に携わる技術者には研鑽・再学習用として，そして，初学者には学習用や研究の端緒として，役立てていただければ，幸いである．

　なお，本書で示した内容は，さらに議論を深める必要がある事項が多く含まれていることから，今後，本書の再編集を考える予定である．諸兄の忌憚のないご意見，ご指摘を期待しております．

2015 年 6 月
樽屋啓之

索　引

あ　行

圧縮性 …………………………………… 46
圧縮性流体 ……………………………… 46
圧力 ……………………………………… 43
アビオゲート …………………………… 126
アビスゲート …………………………… 126
アミルゲート …………………………… 126
安全性・信頼性 ………………………… 36
運動方程式 ……………………………… 58
運動量 …………………………………… 61
運動量の法則 …………………………… 61
エネルギー線 …………………………… 61
エネルギー保存則 ……………………… 60
オイラーの運動方程式 ………………… 59
オイラー（Euler）の方法 ……………… 48
オープンタイプパイプライン ………… 153

か　行

開システム ……………………………… 2
開水路 ………………………………… 24, 53
開水路の1次元基礎式 ………………… 70
開水路の流量制御方式の種類 ………… 137
可変定流量分水 ………………………… 123
可変流量分水 …………………………… 124
下流水位一定自動制御方式 …………… 112
下流水位制御 …………………………… 137
下流水位制御方式 ……………………… 145
下流制御 ………………………………… 135
下流操作 ………………………………… 134
下流流量制御 …………………………… 157
灌漑システム …………………………… 5
かんがい排水事業 ……………………… 7
管水路 ………………………………… 24, 53
完全流体 ………………………………… 46

間断分水 ………………………………… 123
緩閉塞 …………………………………… 83
企画設計 …………………………… 162, 181
機側自動制御 …………………………… 100
機側手動制御 …………………………… 100
機能 ……………………………………… 33
機能保全 ………………………………… 191
気泡流 …………………………………… 85
基本設計 ……………………… 162, 182, 184
キャビテーション ……………………… 74
キャビテーション係数 ………………… 75
急閉塞 …………………………………… 83
許容流速 ………………………………… 172
供給型システム ………………………… 158
供給主導型取水 ………………………… 108
供給主導型配水方式 …………………… 122
供給主導型水管理方式 ………………… 103
局所加速度 ……………………………… 59
空気混入流 ……………………………… 83
クローズドタイプパイプライン ……… 155
径深 ……………………………………… 55
経路線 …………………………………… 48
限界水深 ………………………………… 63
限界流 …………………………………… 63
検査体積 ………………………………… 56
構造機能 ………………………………… 36
混相流 …………………………………… 54

さ　行

最有利断面 ……………………………… 65
差分格子 ………………………………… 91
差分法 …………………………………… 90
シーズ先導型研究開発 ………………… 165
シール …………………………………… 84
シェジー式 ……………………………… 72

軸動力	79	水理機能	36
次元	42	水理模型実験	86
システム工学	3	水理ユニット	19
システム思考	3	水路	24
自然圧式管路の許容平均流速	176	水路カルテ	198
実施設計	162, 182	水路システム	1
実揚程	79	水路システム管理図	196
質量	42, 43	水路システムの応答時間	137
質量流量	57	水路システムの機能図	196
支配断面	64	水路システムの基本構造	201
地盤コード21	35	水路システムレベルの水管理	98
斜長堰	125	水路貯留区間	27
射流	64	水路内貯留	137
自由流出	68	水路内貯留変化量	39, 140
取水管理	107	数値実験	89
取水堰	23	スケジュールの配水	119
需要型システム	158	ストックマネジメント	191
需要主導型取水	108	スライドゲート	128
需要主導型配水方式	120	スライドゲートの流量公式	67
需要主導型水管理方式	104	性能	34
旬間の水管理	102	性能照査	185
潤辺	54	性能（照査型）設計法	179
上限付可変流量分水	123	正の貯留量	140
仕様設計	168	設計対象のモデル	164
常流	64	セミクローズドタイプパイプライン	155
上流水位制御	137	せん断応力	45
上流水位制御方式	142	線の調査診断	203
上流制御	135	全揚程	79
上流操作	134	操作損失	138
上流流量制御	157	層状流	85
水圧	45	送配水（水利用）効率	39, 40
水位制御場としての静水池	115	送配水性	40
水位制御を基本とした自動制御	110	層流	52
水位調整ゲート	125		
水撃圧	81	**た　行**	
水撃圧の基本式	83	台形堰	113
水撃作用	81	対流加速度	59
水頭	45	ダルシー・ワイスバッハの式	56, 77
水頭配分	182	単位	42

単位重量……………………………… 43	パイプラインの水圧………………… 178
単一管理水路システム……………… 31	バルブの水理特性…………………… 76
断面収縮係数………………………… 68	半需要主導型取水…………………… 108
中央制御……………………………… 100	半需要主導型配水方式……………… 122
跳水現象……………………………… 68	半需要主導型水管理方式…………… 103
調整施設……………………………… 26	非圧縮性流体………………………… 46
調整池…………………………… 27, 149	比エネルギー………………………… 61
長波の伝播速度……………………… 64	非定常流（不定流）………………… 52
貯留変化に基づく特性時間………… 140	表面張力……………………………… 46
貯留量制御方式……………………… 147	比例流量制御方式…………………… 141
通水性………………………………… 40	不等流………………………………… 53
土水路………………………………… 24	負の貯留量…………………………… 140
定常流………………………………… 52	プラグ流……………………………… 85
定比分水……………………………… 123	フルード数…………………………… 64
デマンドの配水……………………… 119	フルードの相似則…………………… 87
点の調査診断………………………… 202	フルーム水路………………………… 25
頭首工………………………… 22, 23, 107	ブローバック（blow backs）現象… 86
動水勾配線…………………………… 61	分集水平面図………………………… 203
動粘性係数…………………………… 46	分水均等性…………………………… 188
等流……………………………… 53, 54	分水工………………………………… 26
等流水深……………………………… 65	分水口………………………………… 27
土地改良法…………………………… 8	分水制御方式………………………… 123
取入口………………………………… 23	閉システム…………………………… 2
取入れ流速…………………………… 23	ヘーゼン・ウィリアムス公式……… 73
な　行	ベルヌイの定理……………………… 61
	放余水工……………………………… 28
内部摩擦力…………………………… 45	圃場システム………………………… 5
波（波動）の到達時間……………… 139	圃場レベルの水管理………………… 98
ニーズ先導型研究開発……………… 165	ポンプ圧送式管路の設計流速……… 177
二層管理水路システム……………… 31	ポンプ効率…………………………… 79
日単位の水管理……………………… 102	ポンプの水理………………………… 78
年間の水管理………………………… 102	ポンプの性能曲線…………………… 79
粘性…………………………………… 45	ポンプの理論水力…………………… 79
粘性流体……………………………… 46	**ま　行**
農業土木学…………………………… 4	
は　行	摩擦損失係数………………………… 55
	摩擦損失水頭………………………… 55
配水計画方式………………………… 120	マニング式…………………………… 65
パイプライン………………………… 173	マニングの粗度係数………………… 65

水管理 …………………………………… 95
水管理システム ………………………… 5
水管理方式 ……………………………… 103
水利用機能 ……………………………… 36
水利用機能調査 ………………………… 194
密度 ……………………………………… 43
無動力（水力）式ゲート ……………… 126
面の調査診断 …………………………… 203
もぐり流出 ……………………………… 68

や 行

要求仕様 ………………………………… 162
用水到達（遅れ）時間 ……………… 39, 137
余水放流方式 …………………………… 104

ら 行

ライニング水路 ………………………… 25
ライフサイクルマネジメント ………… 192
ラグランジュ（Lagrange）の方法 …… 48
ラジアルゲート ………………………… 127
乱流 ……………………………………… 52
理想流体 ………………………………… 46
流域・水源システム …………………… 5
流域・水源レベルの水管理 …………… 97
流管 ……………………………………… 47

流線 ……………………………………… 47
流速係数 ……………………………… 68, 73
流体要素 ………………………………… 47
流体粒子 ………………………………… 47
流量 ……………………………………… 57
流量係数 ………………………………… 67
流量支配点 ……………………………… 110
量水施設 ………………………………… 28
レイノルズの相似則 …………………… 87
連続式 …………………………………… 56
連続体 …………………………………… 48
連続方程式の差分式 …………………… 92
ローテーションの配水 ………………… 118

英　数

H-Q 曲線 ………………………………… 130
St. Venant Equations …………………… 71
1 次元粘性流れの運動方程式 ………… 60
1 次元流れ ……………………………… 53
1 次元の運動方程式の差分式 ………… 91
1 次水路 ………………………………… 32
2 次元流れ ……………………………… 53
2 次水路 ………………………………… 32
3 次元流れ ……………………………… 53
3 次水路 ………………………………… 33

著者略歴

中　達雄（なか　たつお）
1954 年　東京都に生まれる
1979 年　東京農工大学大学院農学研究科修了　農林水産省入省
2011 年　（独）農業・食品産業技術総合研究機構農村工学研究所水利工学研究領域長
2015 年　国立研究開発法人農業・食品産業技術総合研究機構農村工学研究所水利工学研究領域　任期付上席研究員
2017 年　公益社団法人　農業農村工学会事務局長
現在に至る

樽屋　啓之（たるや　ひろゆき）
1959 年　東京都に生まれる
1983 年　京都大学農学部農業工学科卒業　農林水産省入省
2011 年　（独）農業・食品産業技術総合研究機構農村工学研究所水利工学研究領域上席研究員
2014 年　筑波大学大学院生命環境科学研究科（連携大学院）教授兼任
2015 年　国立研究開発法人農業・食品産業技術総合研究機構農村工学研究所水利工学研究領域　上席研究員（技術移転センター教授併任）
2019 年　北里大学獣医学部生物環境科学科水域環境学系教授
現在に至る

| JCOPY | ＜出版者著作権管理機構 委託出版物＞ |

	2015年8月20日 第1版第1刷発行
2020	2020年2月28日（訂正） 第1版第2刷発行

農業水利のための 水路システム工学	著 作 者	中 　 達 雄 なか　　たつ　　お 樽 屋 啓 之 たる　や　ひろ　ゆき
著者との申 合わせによ り検印省略	発 行 者	株式会社　養 賢 堂 代 表 者　及川雅司
©著作権所有		

定価（本体2700円＋税）

印 刷 者	株式会社　丸井工文社 責 任 者　今井晋太郎

発 行 所　株式会社 養賢堂

〒113-0033 東京都文京区本郷5丁目30番15号
TEL 東京 (03) 3814-0911　振替00120
FAX 東京 (03) 3812-2615　7-25700
URL http://www.yokendo.com/

ISBN978-4-8425-0532-9　C3061

PRINTED IN JAPAN　　製本所　株式会社丸井工文社

本書の無断複製は著作権法上での例外を除き禁じられています。
複製される場合は、そのつど事前に、出版者著作権管理機構の許諾
を得てください。
（電話 03-5244-5088、FAX 03-5244-5089、e-mail:info@jcopy.or.jp）